JIYU JU DE KUAISU BIANHUAN HE JISUAN

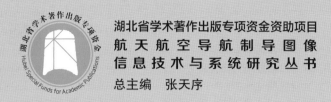

湖北省学术著作出版专项资金资助项目

航 天 航 空 导 航 制 导 图 像
信 息 技 术 与 系 统 研 究 丛 书

总主编　张天序

基于矩的快速变换和计算

刘建国　潘超　华夏　曹丽　著

华中科技大学出版社
http://www.hustp.com
中国·武汉

内 容 提 要

快速算法和计算是数字信号处理和数字图像处理面对实时要求时的必然归宿.本书介绍从一维到三维及三维以上计算离散矩的快速算法、脉动阵列和可伸缩阵列,基于一阶矩的离散傅里叶变换、离散余弦(正弦)、离散 W 变换、离散 Hartley 变换、卷积算法、相关算法,以及易于实现这些算法的 VLSI(超大规模集成电路)并行处理结构.本书可供通信技术、电子工程、计算机与信息科学、计算数学以及相近专业的本科生、硕士生、教师及广大科技工作者参考.

图书在版编目(CIP)数据

基于矩的快速变换和计算/刘建国等著.—武汉:华中科技大学出版社,2022.6
(航天航空导航制导图像信息技术与系统研究丛书)
ISBN 978-7-5680-8354-6

Ⅰ.①基… Ⅱ.①刘… Ⅲ.①数字信号处理 Ⅳ.①TN911.72

中国版本图书馆 CIP 数据核字(2022)第 097338 号

基于矩的快速变换和计算　　　　　　　　　刘建国　潘　超　华　夏　曹　丽　著
Jiyu Ju de Kuaisu Bianhuan he Jisuan

策划编辑:范　莹　陈元玉
责任编辑:刘艳花
装帧设计:原色设计
责任校对:刘小雨
责任监印:周治超
出版发行:华中科技大学出版社(中国·武汉)　　　电话:(027)81321913
　　　　　武汉市东湖新技术开发区华工科技园　　　邮编:430223
录　　排:武汉市洪山区佳年华文印部
印　　刷:湖北新华印务有限公司
开　　本:710mm×1000mm　1/16
印　　张:8
字　　数:156 千字
版　　次:2022 年 6 月第 1 版第 1 次印刷
定　　价:88.00 元

《总序》

　　航天航空技术的发展，是民族智慧、经济实力、综合国力的重要体现，不仅提高了我国的国际威望，而且提升了全国人民的民族自豪感和自信心，更极大地促进了我国国民经济的发展. 近些年来，随着我国的"风云""北斗""神舟""嫦娥"等高分辨率对地观测重大航天工程不断取得突破，各种用途的无人飞行器和成像载荷也风起云涌，标志着我国在航天航空等领域取得了长足的进步，已经从"跟跑"到"并跑"，甚至在某些领域开始了"领跑".

　　成像探测和图像信息处理作为当今人工智能的热点研究和发展领域之一，吸引着众多研究者投身其中. 而在航天航空应用领域中，对自动处理需求更强的紧迫性，使得其发展甚至早于其他应用领域.

　　用于航天航空的精确导航制导包括精确探测、精确控制和配套的地面支持系统. 图像信息处理技术的融入，使导航制导如虎添翼. 1978年，华中工学院(现华中科技大学)朱九思院长根据国家重大需求和新学科发展前沿趋势，以极具战略前瞻的眼光，在国内率先建立了图像识别与人工智能研究所. 在随后的40年里，众多科研工作者在航天航空各总体单位的重大需求牵引下，聚焦成像精确探测和地面支持系统新技术,持续开展了相关应用基础研究工作，取得了丰硕成果. 这些成果已广泛应用于各类重大、重点装备中，极大地推动了我国在该领域的技术进步. 在这些科研工作中，众多优秀人才也得以成长，已成为相关领域的栋梁.

本丛书涉及以航天航空导航制导为背景的图像信息处理，包括算法、实时处理、任务规划和新型成像传感器设计等内容．这些具体的研究领域，在航天航空导航制导等方面都面临着重大的理论问题和工程技术问题．本丛书的作者们通过承担多项实际研究工作和多年的潜心研究，在理论和实践上都取得了很大的进展．

　　本丛书作者将自己的研究成果相继结集出版，展示自己的学术/技术风采，为本技术领域的发展留下一些痕迹，以作为相关领域科研人员、研究生和管理人员的参考书，进一步推动航天航空和图像信息处理领域的融合发展，用实现"航天航空梦"助力"中国梦"，为国家作出更大的贡献．

张天序

2018年3月28日

《前言》

傅里叶变换、余弦（正弦）变换、哈特雷 (Hartley) 变换、W 变换、小波变换、改进的余弦变换（MCT）、卷积和相关是广泛应用于信号处理和图像处理的非常重要的方法，在工程技术领域有着非常广泛的应用，因此一直是国际学术界和高科技产业界的研究热点。自从 Cooley 和 Tukey 提出快速傅里叶变换（FFT）以来，快速算法一直是数字信号处理技术的一个重要支柱，它的进展导致数字信号处理技术应用日益广泛。这些快速算法都是通过减少运算次数（特别是减少乘法运算次数）或者利用并行机制达到快速计算的目的的，并且多维信号处理日益广泛。这些快速算法以及并行计算结构形形色色、千变万化，一直缺乏一种统一的快速算法来处理上述所有变换、卷积算法、相关算法，以及它们多维情形的计算。

我曾先后以"基于矩的快速变换和计算及 VLSI 脉动 式阵列设计""基于矩的定点无乘法快速变换""基于一阶矩的加法实现的快速变换"为题获得国家自然科学基金资助（批准号分别为" 69775011 ， 1998.1—2000.12""60672060 ，2007.1 —2009.12" "61071136 ， 2011.1—2013.12"）而进行了长期的研究，试图找到一种统一的快速算法来处理上述所有变换、卷积算法、相关算法，以及它们多维情形的计算。该项研究获得了原创性的研究成果，在国际上首先提出了用离散矩并进一步简化成用一阶矩统一进行离散快速变换的方法，研究成果发表于国际和国内权威的学术刊物。

在第一个国家自然科学基金资助中我们的算法成功地将样本数为 N 的变换的乘法次数从 $N\log_2 N$ 降为 $N\log_2 N/\log_2\log_2 N$ ，在某些特殊的情形下加法次数也可大量减少，例如当样本数 N 为质数时 的傅里叶变换，但是在一般情形下，加法次数没有减少。虽然我们设计的脉动阵列在并行处理中弥补了这种不足，但是在串行计算中此算法没有明显优势。在第二个国家自然科学基金资助期间，我们竭尽所能减少加法次数，并且将线性矩组合中的乘法运算全部转化为整数加法和移位运算，于是可将前述的变换、卷积和相关算法全部用定点整数加法计算。一方面，因为在计算中，浮点乘法是非常耗费资源的，包括运算时间和硬件上消耗的资源。在前面的研究中都是将变换的核函数通过泰勒级数展开转化成矩的计算，矩可以用加法实现，矩的阶数越小，用加法实现的次数就越少．另一方面，问题的精度要求泰勒级数展开的阶数（即矩的阶数）不能小．怎样用最小阶数的矩来精确实现快速变换成为问题的瓶颈和我们苦苦追求的目标．发现和突破在2009年9月来临了，我们发现仅用一阶矩就可以统一地仅用加法精确实现一至多维的一切变换及卷积和相关算法的计算，根本不需要将核函数通过泰勒级数展开而仅仅只需将输入信号做直方图统计就可以统一地、精确地将一至多维的一切变换、卷积算法、相关算法转化成一阶矩的计算．这样所有计算都是精确值计算而没有近似值计算了，所有涉及的计算中的乘法经过直方图统计和一些加法运算统统化为乌有了．基于这个思路和技术路线获得了第三个国家自然科学基金资助．在这个资助期间我们完成了全部研究内容，将一切变换、卷积算法、相关算法利用一阶矩的加法加以实现，并设计了便于硬件实现的脉动阵列．但是研究遇到了三个难题，阻碍了一阶矩算法的大规模应用．

第一个难题是，虽然一阶矩算法没有乘法只有加法，但是加法的次数在样本数为 N 时本质上仍然是 N^2，一阶矩算法中各个系数可以单独并行进行计算，但在串行计算时，只有在 N 小于 200 的情况下，一阶矩算法才比传统快速算法快，而当 N 较大时，一阶矩算法不具有优势．

第二个难题是，当样本数远远小于信号强度（灰度）级别数时，例如利用改进的余弦变换进行音频信号压缩时就是如此，虽然此时相同信号强度对应旋转因子加法的次数极少甚至没有，但是计算一阶矩的加法次数是 $N+M-3$（N 是样本数目大小，M 是强度（灰度）级别数），加法次数仍然不少，对稀疏样本一阶矩算法不具有优势．

第三个难题是，在进行逆变换或者多维变换时，变换对象由于进行过一次变换已不是整型数而是实型数，数据量化的级别放大了千万倍，加法次数飞快增加，这个难题本质上是第二个难题.

这三个拦路虎使一阶矩算法的研究和应用陷入困境．我们怀着对一阶矩算法——中国的源头创新算法的挚爱之情孜孜以求，2012年底终于找到了解决以上三个难题的思路，使得一阶矩算法的研究和应用"柳暗花明又一村"．一阶矩算法在小样本和小量化级别有优势，可以将一阶矩算法与传统快速算法结合起来．

传统快速算法是将较大的样本数层层转化成较小的样本计算, 当传统快速算法将样本数转化成小于 100 或者更小时, 使用一阶矩算法代替传统快速算法计算. 使用一阶矩算法计算时采用一种二进制数位分段法, 假如 16 位二进制数的旋转因子或变换核每 4 位从高到低分成 4 段, 与输入信号做变换, 然后移位加起来就是整个变换结果. 4 位二进制数强度只有 0 ~ 15 的 16 个量化级别, 可以发挥一阶矩算法的优势. 我们首先将这种方法用于卷积的计算, 因为所有变换都可以看成某种形式上的卷积. 我们对新的二进制数位分段的一阶矩卷积计算的结构进行了硬件设计, 在 Design Compiler 上进行了综合, 总体性能位于当时世界优秀结果之列.

本书将变换和计算中直方图统计后的合并同强度灰度值的加法精确次数第一次公开发表, 并且给出了严格的数学证明, 而在过去发表的论文中只给出了加法次数的上限值. 这样整个变换和计算所需的加法次数就有了准确的数字.

本书将这些研究成果集中介绍给读者. 非常感谢国家自然科学基金委员会对此项目长期的支持, 没有这个支持是不可能取得这些成果的.

华中科技大学出版社的范莹编辑为此书的编写和出版尽了非凡的努力, 没有他的鼓励、支持和帮助, 此书的出版是不可想象的.

我的三个已经毕业的博士研究生当年参加了项目研究并取得了研究成果, 现在也参加了本书的撰写. 潘超博士撰写了第 4 章, 曹丽博士撰写了第 5 章, 华夏博士撰写了第 6 章.

由于各种因素, 书中难免存在错误或不足之处, 恳请读者批评指正.

希望本书的出版能推进基于一阶矩的快速变换和计算的进一步发展, 促进研制出具有自主知识产权的新型先进的系列数字信号处理芯片和专用处理器.

刘建国

2022 年 6 月

目　　录

第 1 章 绪 论

自从图像的七个不变矩提出以来,由于它们的旋转、平移和比例尺度不变性而在计算机视觉、模式识别和图像分析等领域取得了广泛应用,它的早年应用价值更是不言而喻.但是矩的计算量非常大,因而限制了它的实时应用.傅里叶变换、余弦(正弦)变换、小波变换、哈特雷(Hartley)变换、W 变换、卷积和相关是广泛应用于信号处理和图像处理的非常重要的方法,在工程技术领域和军事领域有着非常广泛的应用.自从 1965 年 Cooley 和 Tukey 提出快速傅里叶变换(FFT)以来,快速余弦(正弦)变换、快速小波变换、快速 Hartley 变换、快速 W 变换以及快速卷积和快速相关计算也相继提出来了,五十多年来,这些快速变换和计算获得了飞速的发展.但是,矩的快速算法和傅里叶变换等这些快速变换的研究一直互不关联,互相独立地进行着.矩的计算实质上是简单的多项式函数的计算,而傅里叶等变换实质上是比多项式函数更复杂的三角函数的计算.本书介绍了如何建立离散矩和离散傅里叶等变换之间的关系公式,将傅里叶变换转换成矩的计算.由于矩的计算可由加法实现,因而利用矩可以加速傅里叶等变换的计算.

本书介绍从一维到三维及三维以上离散矩的快速算法和脉动(Systolic)阵列及可伸缩(Scalable)阵列,基于矩的傅里叶等变换、卷积算法、相关算法,以及易于实现这些算法的 VLSI 并行处理结构——脉动阵列和可伸缩阵列,对脉动阵列和可伸缩阵列的 VLSI 硬件实现以先进的 FPGA 可编程门阵列高层次行为级综合设计和ASIC 设计技术进行模拟仿真和估计,为设计新的基于矩的信号处理 VLSI 专用芯片进行可行性研究.由于 FPGA 和 ASIC 的设计都出于同一源代码,从 FPGA 到 ASIC的转换非常容易完成并可降低研发风险和成本.

第 2 章　一维和二维矩的快速计算

2.1　引　言

不变矩在模式识别、图形分类、目标辨识、景象匹配和图像分析中发挥着重要作用,这主要是因为不变矩具有平移、比例、旋转的不变特性[1]. 不同类型的矩大量应用在这些领域,诸如 Legendre 矩[2]、Zernike 矩[3]、旋转矩[4]、复杂矩[4,5]、高阶不变矩[6]和仿射不变矩[7],这些矩都能从基本的普通矩导出. 由于普通矩的计算需要做大量的乘法,因此非常费时. 在导弹识别目标等实时限制的情形,矩的快速计算问题凸现出来,其中大部分的算法仅适应于二值图像. 1987 年,一种计算凸区域的 Delta 方法被提出来[8],这种方法只适应于二值图像,如果图像大小为 $n \times n$,它需要 $O(n^2)$ 加法和 $O(n)$ 乘法,在文献[9]中,这种方法得到发展,但改进程度有限. 另有一种方法通过使用格林定理将二重积分变成沿着多边形边界的线积分,二值图像矩的计算可由多边形顶点函数值导出[10]. 还有一种比较有效的方法是设计一种脉动阵列计算巴斯加三角变换,这种方法只需要加法,可惜只应用于二值图像[11]. 既可应用于二值图像又可应用于灰度图像的方法主要有两种:递归的方法[12]和并行 SIMD 算法[13]. 递归的方法时间复杂度为 $O(n^2)$. 并行 SIMD 算法将二维矩分解为垂直和水平方向的一维矩并且充分利用并行性进行计算. 这两种方法都避免了乘法计算,SIMD 算法涉及较复杂的计算元素——通信问题.

在这一章中,一种新的矩的快速算法被提出来[14],与其相适应的一种高效率的脉动阵列也被设计出来. 它由一些计算巴斯加三角的基本阵列串联组成,基本的处理单元是加法寄存器和寄存器,这些处理单元的个数是 $O(n)$,这里假定图像的尺寸大小为 $n \times n$. 这种方法可适用于灰度图像也可适用于二值图像,它只需要加法运算,运算迅速并可处理高阶矩.

在后面的章节中,首先简明回顾一下矩和不变矩的一些重要特性,然后介绍基本阵列和由基本阵列串接成的全阵列,分析时间和面积复杂度,并且与其他方法进行比较,再介绍二维不变矩的快速计算和脉动阵列设计.

2.2　矩和不变矩

设 $f(x)$ 为不小于零的在 (a,b) 上实可积的函数,p 阶矩定义为

$$m_p = \int_a^b x^p f(x)\,\mathrm{d}x \tag{2.1}$$

它的离散形式为

$$m_p = \sum_{i=1}^n i^p f_i \tag{2.2}$$

以上是一维矩,下面讨论二维矩,设 $f(x,y)$ 为不小于零在区域 A 上可积的实函数,$p+q$ 阶矩定义为

$$m_{p,q} = \iint_A x^p y^q f(x,y)\,\mathrm{d}x\mathrm{d}y \tag{2.3}$$

这里,p、$q \in \{0,1,2,\cdots\}$. 则 $p+q$ 阶矩的离散形式为

$$m_{p,q} = \sum_{i=1}^n \sum_{j=1}^n i^p j^q f_{i,j} \tag{2.4}$$

假定 $f(x,y)$ 表示一幅二维图像,图像的 $p+q$ 阶矩也可由式(2.3)和式(2.4)定义,$n \times n$ 是图像尺寸,像素的大小作为一个单位,并且 $f_{i,j}=f(i,j)$.

$f(x,y)$ 的中心矩定义为

$$V_{p,q} = \iint_A (x-x_0)^p (y-y_0)^q f(x,y)\,\mathrm{d}x\mathrm{d}y \tag{2.5}$$

这里 $x_2 = m_{10}/m_{00}$,$y_0 = m_{01}/m_{00}$. 离散形式为

$$V_{p,q} = \sum_{i=1}^n \sum_{j=1}^n (i-m_{10}/m_{00})^p (j-m_{01}/m_{00})^q f_{i,j} \tag{2.6}$$

中心矩 $V_{p,q}$ 也可以用矩 $m_{p,q}$ 的代数式来表达[1].

对于二值图像,假设区域 A 内为图像亮区,区域 A 外为图像暗区,即当 $(x,y) \in A$ 时,有 $f(x,y)=1$,否则 $f(x,y)=0$,则式(2.1)~式(2.4)可以写成如下形式

$$m_{p,q} = \iint_{(x,y) \in A} x^p y^q \mathrm{d}x\mathrm{d}y \tag{2.7}$$

$$m_{p,q} = \sum_{(i,j) \in A} i^p i^q \tag{2.8}$$

$$v_{p,q} = \iint_{(x,y) \in A} (x-x_0)^p (y-y_0)^q \mathrm{d}x\mathrm{d}y \tag{2.9}$$

$$V_{p,q} = \sum_{(i,j)} \sum_{\in A} (i-x_0)^p (j-y_0)^q \tag{2.10}$$

以上定义的矩对于平移、比例和旋转不是不变的. 为了获得对这些变换不变的矩,必须对以上的矩进行一些加工,令

$$U_{p,q} = V_{p,q}/m_{00}^{1+(p+q)/2} \qquad p,q = \{0,1,2,3,\cdots\} \tag{2.11}$$

著名的七个不变矩是 1961 年由 Hu 首先导出的[1],也称为 Hu 不变矩,由下式表示

$$
\left\{
\begin{aligned}
\phi_1 &= \mu_{20} + \mu_{02}\\
\phi_2 &= (\mu_{20} + \mu_{02})^2 + 4\mu_{11}^2\\
\phi_3 &= (\mu_{30} - 3\mu_{12})^2 + (3\mu_{21} - \mu_{03})^2\\
\phi_4 &= (\mu_{30} + \mu_{12})^2 + (\mu_{21} + \mu_{03})^2\\
\phi_5 &= (\mu_{30} - 3\mu_{12})(\mu_{30} + \mu_{12})[(\mu_{30} + \mu_{12})^2 - 3(\mu_{21} + \mu_{03})^2]\\
&\quad + (\mu_{03} - 3\mu_{21})(\mu_{03} + \mu_{21})[(\mu_{03} + \mu_{21})^2 - 3(\mu_{12} + \mu_{30})^2]\\
\phi_6 &= (\mu_{20} - \mu_{02})[(\mu_{30} + \mu_{12})^2 - (\mu_{21} - \mu_{03})^2]\\
&\quad + 4\mu_{11}(\mu_{30} + \mu_{12})(\mu_{03} + \mu_{21})\\
\phi_7 &= (3\mu_{21} - \mu_{03})(\mu_{30} + \mu_{12})[(\mu_{30} + \mu_{12})^2 - 3(\mu_{21} + \mu_{03})^2]\\
&\quad - (3\mu_{12} - \mu_{30})(\mu_{03} + \mu_{21})[(\mu_{03} + \mu_{21})^2 - 3(\mu_{12} + \mu_{30})^2]
\end{aligned}
\right.
\tag{2.12}
$$

这七个不变矩都可以像普通矩 m_{pq} 一样导出. 在直接计算中, m_{pq} 需要 n^2 次加法和 $(p+q)n^2$ 次乘法, 很明显, 对于较大的 n, 过程需要较长时间.

2.3　基　本　子　网

在我们的脉动阵列中使用的基本元素是二个输入端和一个输出端的线性加法寄存器, 如图 2.1 所示.

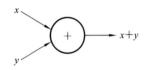

图 2.1　线性加法寄存器模型

一个基本子网除第一层输入是由寄存器组成外, 其余 p 层是由加法器组成, 如图 2.2 所示. 这个子网称为 p-网. 顶层的 $p+1$ 个结点是输入端, 唯一的根部结点是输出端.

可以用数学归纳法证明 p-网的输出是 $(1+x)^p$. 对 $p=1$ 或 $p=2$, 输出是 $1+x$ 或 $(1+x)^2$, 表达式成立. 假定 $(p-1)$-网输出是 $(1+x)^{p-1}$. 从图 2.2 可以看到结点 A 的输出点是结点 B 和结点 C 的输出之和, 整个三角形最左边一条边上的结点的输出都不可能累积到 C, 最右边一条边上的输出也不可能累积到 B. B 和 C 都可以看作是一个 $(p-1)$-网的输出端, 根据归纳假定, B 的输出值应是 $(1+x)^{p-1}$, 由于 C 所在的 $(p-1)$-网是输出端都扩大了 x 倍的线性网, C 的输出值应是 $x(1+x)^{p-1}$, 因此 A 的输出值应是 $(1+x)^{p-1} + x(1+x)^{p-1} = (1+x)^p$. 根据数学归纳原理, p-网的输出 $(1+x)^p$ 对任何正数成立.

在图 2.2 中用 1 代替 x, 输出将是 2^p, 如图 2.3(a) 所示. 进一步地, 如果用 a 代替 1, 由于加法的线性性质, 输出将是 $2^p a$, 如图 2.3(b) 所示. 由此揭示了基本子网的一个重要特性, 对于输入 a, 基本子网以一种高效率的方式 (p 个加法时间), 将其乘上 2^p.

容易发现, 基本子网的拓扑结构相似于一个倒立巴斯加三角形. 巴斯加三角形用

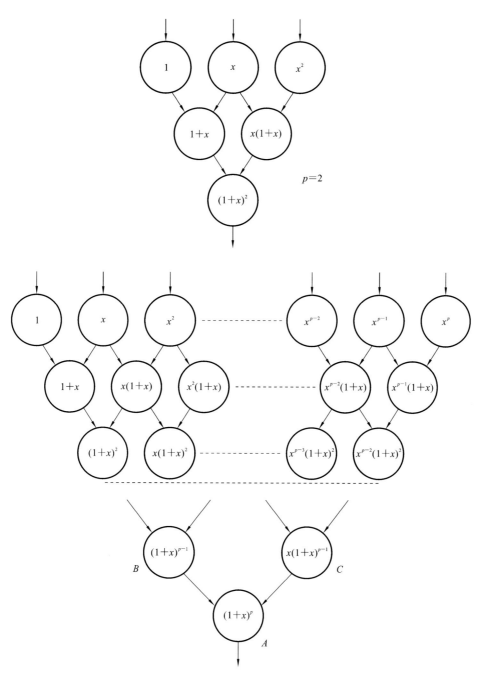

图 2.2　基本子网

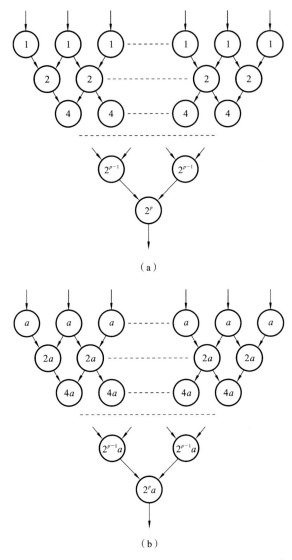

（a）

（b）

图 2.3　p-网的两种演示

来计算二项式的展开系数.

由图 2.2 可以看出,子网左边的结点输出分别是

$$1,1+x,(1+x)^2,(1+x)^3,\cdots,(1+x)^{p-1},(1+x)^p$$

如果这些值作为另一个子网的输入,如图 2.4 所示,则第二个子网上左边一排加法器结点的输出分别是

$$1,2+x,(2+x)^2,(2+x)^3,\cdots,(2+x)^{p-1},(2+x)^p$$

这个过程可以一直继续下去. 图 2.5 表示了 $n-1$ 个 p-网串接起来并且原始输入是 1

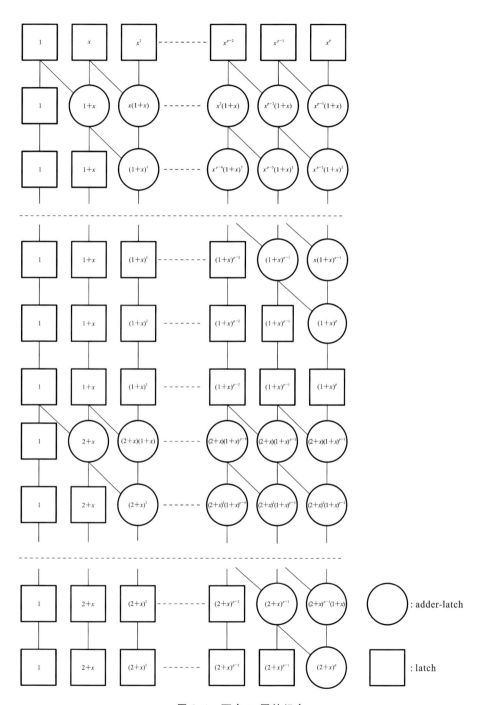

图 2.4 两个 p-网的组合

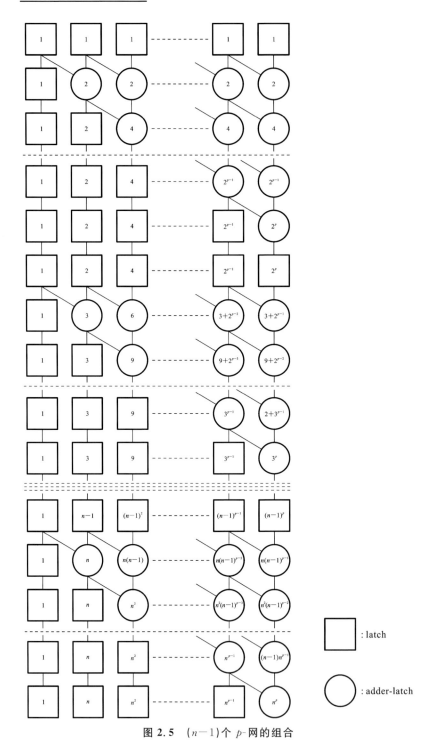

图 2.5 $(n-1)$个 p-网的组合

的情况.

　　另一个重要的性质是图 2.5 中间的 p-网,结点的输出分别是

$$2^p, 3^p, 4^p, \cdots, (n-1)^p, n^p$$

这些值正是在图像矩的计算中需要使用的值.

　　图 2.4 和图 2.5 没有像前面的图一样组成三角形,而是排列成垂直和水平连接的长方形,这些元素都是操作同步和遵从同一时钟脉动,每一个时钟周期包括一个二进制加法和相应的时间延迟,如果忽视时间延迟,一个时钟周期可近似看作一个二进制加法时间.于是,图 2.5 所示阵列所需计算时间为 $p(n-1)$ 加法时间.

2.4　一维矩的计算

　　如果在图 2.5 所示网的输入结点输入 a,则最后在网的根结点输出 an^p,如图 2.6 所示.如果在 $a_i(i=2,3,\cdots,n)$ 分别输入第 $n-i+1$ 个子网的输入结点,如图 2.7 所示,那么整个网最后输出的结果是 $\sum\limits_{i=2}^{n} q_i i^p$. 此结果很容易从加法的线性性质推出.当 a_i 输入第 $n-i+1$ 子网的所有输入结点时,它对最后结果的贡献等价于 a_i 输入一个串联 $i-1$ 个 p-网组成网对最后的结果的贡献.于是 $a_i i^p$ 一定被它包含在最后的和中.

　　图 2.7 表示一个由 $n-1$ 个 p-网组成的总体网,沿着此网底部一排的 $p+1$ 个输出结点,输出值分别是

$$\sum_{i=2}^{n} a_i, \ \sum_{i=2}^{n} a_i i, \ \sum_{i=2}^{n} a_i i^2, \cdots, \sum_{i=2}^{n} a_i i^{p-1}, \ \sum_{i=2}^{n} a_i i^p$$

如果再加上一排加法寄存器于上述网,如图 2.8 所示,则新网的输出分别是

$$\sum_{i=2}^{n} a_i, \ \sum_{i=2}^{n} a_i i, \ \sum_{i=2}^{n} a_i i^2, \cdots, \sum_{i=2}^{n} a_i i^{p-1}, \ \sum_{i=2}^{n} a_i i^p$$

　　为了简化描述,在图 2.7 和图 2.8 中,只有外部输入和每个子网的根部输出,以及整个网的最后输出在图中显示出来,由于后面的子网比串接中的前一个子网滞后 $p+1$ 个时钟周期,为了保证同步,时间延迟装置必须安装于两个子网的外部输入结点,这可以通过外部控制电路实现.图 2.7 和图 2.8 中水平线上方括号中的数字代表延迟时间.显然图 2.8 输出的结果就是一维矩,图 2.8 所示阵列处理时间是

$$p+(p-2)(p+1)+1=(p+1)(n-1)$$

个时钟周期.在整个网中共并行地进行了 $(p+1)(p+2)(n-1)/2$ 次加法运算,共使用了 $(p+1)(p+2)(n-1)/2$ 个加法寄存器和 $p+(p+1)(n-1)/2+(p+1)$ 个寄存器.

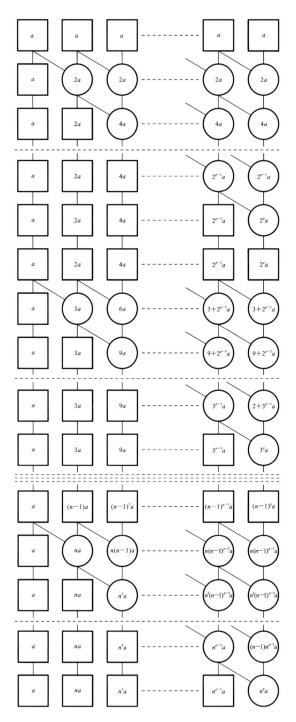

图 2.6　将 a 输入 $n-1$ 个 p-网的组合

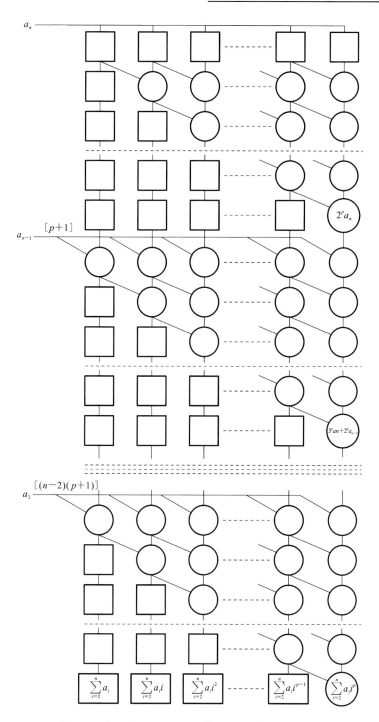

图 2.7 将 $a_i(i=2,3,\cdots,n)$ 输入 $n-1$ 个 p-网组合

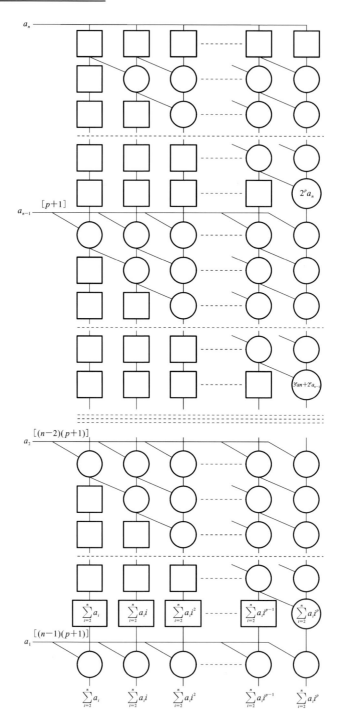

图 2.8 将 $a_i (i=1,2,3,\cdots,n)$ 输入 $n-1$ 个 p-网和 $p+1$ 个加法器组合

严格地说,由于位于每个子网第一排 $a_i(i=2,\cdots,n)$ 的传播方式(图 2.8 所示阵列)只能说是半脉动的,我们可以将 a_i 管道化,将阵列变为脉动阵列,结果显示在图 2.9 中.

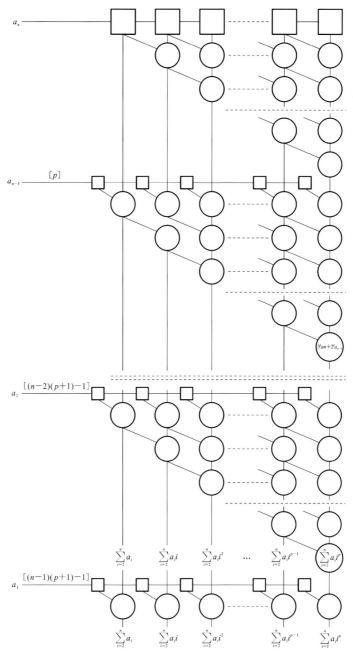

图 2.9 计算一维矩的脉动阵列 p 阶矩网

在图 2.9 中，$a_i(i=2,3,\cdots,n)$从左至右每个时钟周期移动一步，同时，其他的寄存器和加法寄存器都移向各自的输出结点. 为了同步，一些寄存器必须插入某些结点之间，这些插入寄存器为了简捷没有直接在图 2.9 中给出，但是在这些插入位置旁边都用方括号中的数字表示延迟时间. 在图 2.9 中共使用了 $p(p+1)(n-1)/2+(p+1)n$ 个寄存器，图 2.9 中所示阵列称为 p 阶矩网.

2.5　计算二维矩的脉动阵列

离散图像的普通矩 $m_{p,q}$ 可以通过下式计算

$$m_{p,q} = \sum_{i=1}^{n}\sum_{i=1}^{n} i^p i^g f_{i,j} = \sum_{j=1}^{n} j^q \sum_{i=1}^{n} i^p f_{i,j} \tag{2.13}$$

令

$$g_{k,j} = \sum_{i=1}^{n} i^k f_{i,j} \quad (k=0,1,2,3,\cdots,p,\cdots) \tag{2.14}$$

则

$$m_{i,q} = \sum_{j=1}^{n} j^q j_{p,j} \tag{2.15}$$

不失一般性，假定 $p \geqslant q$，由式（2.14）和式（2.15）可知，二维矩可通过两个一维矩来计算.

在图 2.9 中，如果 $a_i(i=1,2,3,\cdots,n)$ 被 $f_{i,j}(i,j=1,2,3,\cdots,n)$ 代替，则 p 阶矩网将产生 g_{pi}. 在每个加法周期，数据被输进网络，例如，$f_{1,n},f_{2,n},\cdots,f_{n,n}$，首先被输进在每个子网的输入端，然后是 $f_{1,n+1},f_{2,n+1},\cdots,f_{n,n+1}$，如此下去. 在网络的输出端得到 $g_{0,n},g_{1,n},g_{2,n},\cdots,g_{p,n}$，为第一批输出，然后是 $g_{0,n-1},g_{1,n-1},g_{2,n-1},\cdots,g_{p,n-1}$，$\cdots$. 为了计算 m_{pq}，第一个 p 阶矩网的输出 $g_{p,i}(i=1,2,\cdots,n)$ 被输进另一个 q 阶矩网，此网由 $n-1$ 个 q-网和 $q+1$ 加法器组成，如图 2.10 所示. 由 q 阶矩网的输出端得到 $m_{p,0},m_{p,1},m_{p,2},\cdots,m_{p,q}$. 同样地，可以得到 $m_{k,0},m_{k,1},m_{k,2},\cdots,m_{k,q}(k \geqslant 0,1,2,\cdots,p-1)$，当 $g_{k,1},g_{k,2},g_{k,3},\cdots,g_{k,n}(k=0,1,2,\cdots,p-1)$ 不断输入时，它们不断地输出.

为了保证数据在第一个网与第二个网之间同步运行，一行桥梁元素插入两网之间，如图 2.11 所示. 每一个桥梁元素在每一个时钟周期将一个输出转向输出端，并将这些输出排成一行.

图 2.10 涉及 $n-1$ 个 p-网和 $n-1$ 个 q-网，由假定 $p \geqslant q$ 知，我们可以通过反馈只使用一个 p-网，如图 2.12 所示. 图 2.12 清楚显示了反馈的数据流. 图 2.12 所示结构面积比图 2.10 所示简化了很多，处理时间仍是相同的.

下面讨论计算复杂度，导出所有 $m_{r,s}(r=0,1,2,\cdots,p;s=0,1,2,\cdots,8)$ 需要的时间为

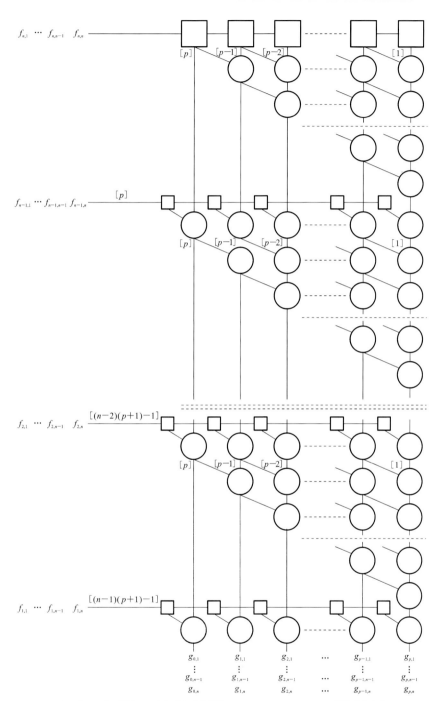

（a）由 $n-1$ 个 p-网和 $p+1$ 个加法组成的计算 $g_{k,l}(k=0,1,2,\cdots,p;l=1,2,\cdots,n)$ 的脉动式阵列

图 2.10　计算二维矩的脉动阵列

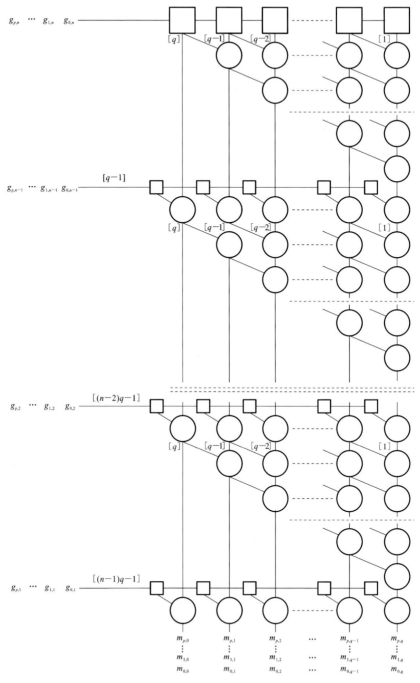

（b）由 $n-1$ 个 q-网和 $q+1$ 加法器组成的计算 $m_{r,s}$ $(r=0,1,2,\cdots,p;\ s=1,2,\cdots,q)$ 的脉动式阵列

续图 2.10

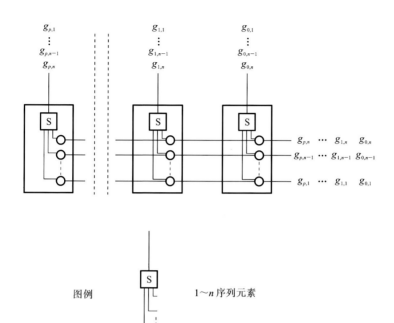

图例　　　　　　　　　　　1～n 序列元素

具有两输入端的寄存器

周期 1：　　　　　$a \longrightarrow x$

周期 2～$p+1$：　　　$b \longrightarrow x$

图 2.11 桥梁元素(假定 $n > p$)

$$T = [(p+1)+(n-2)(p+1)]+1+[(q+1)+(n-1)(q+1)]+p$$
$$= (p+q+2)n$$

其中：$(p+1)+(n-2)(p+1)$ 是计算出 $g_{0,n}$ 所需的时间，桥梁元素需 1 个时钟周期；$(q+1)+(n+1)(q+1)$ 是在第二个矩网所耗时间，最后需 p 个时钟周期输出所有二维矩，在网上其并行进行了 $(p+1)(p+2)(n-1)n/2+(q+1)(q+2)(n-1)p+n/2$ 次加法运算.

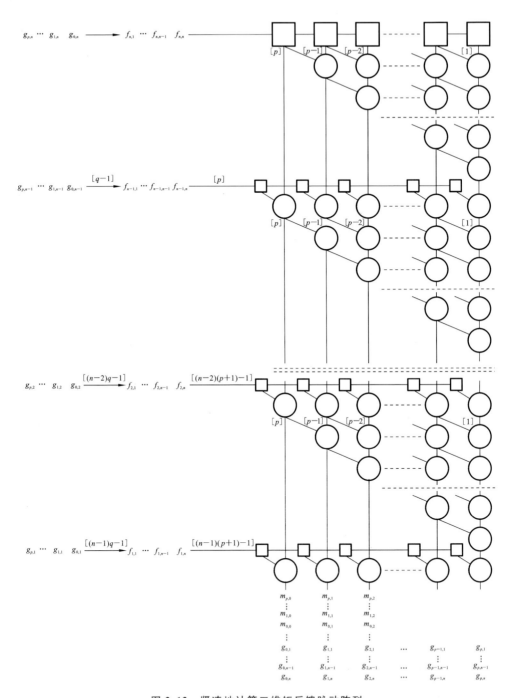

图 2.12　紧凑地计算二维矩反馈脉动阵列

2.6 计算二维矩的可伸缩脉动阵列

虽然在我们前面的设计中脉动阵列是紧凑的、有规则的,但是仍需要 n 个输入结点.当 n 较大时,VLSI 的实现由于对输入、输出限制而遇到困难.我们采用可伸缩结构将 $n-1$ 个子网叠编成一个子网且只保留一个输入端,此阵列显示在图 2.13 中,此阵列由一个 p-网和一个 q-网反馈环路组成.图像数据依次按时钟周期输入,为了保持相应的同步相加,第一块阵列中的每一列需时 n 个周期,第二块阵列中的每一列需时 $p+1$ 个周期,仍然假定 $n>p\geqslant q$,这能够通过插入寄存器做到,在 p-网中每一列中有 $n-p-1$ 个寄存器,而在 q-网中有一列有 $p-q$ 个寄存器,注意图 2.13 中桥梁元素与图 2.12 中有所不同,因为现在将数据流转换成一个顺序数据流,全部的加法器有 $(p+1)(p+2)/2+(q+1)(q+2)/2$ 个,计算时间为 $(p+1)+(n^2-n+1)+1+(q+1)+(p+1)n=n^2+(n+1)p+q+4$ 个时钟周期,这里 $p+1$ 是 p-网的初始延迟,n^2-n+1 是第一个矩网所需,1 是桥梁元素所需,$q+1$ 是 q-网的初始延迟,$(p+1)n$ 是第二个矩网所需.

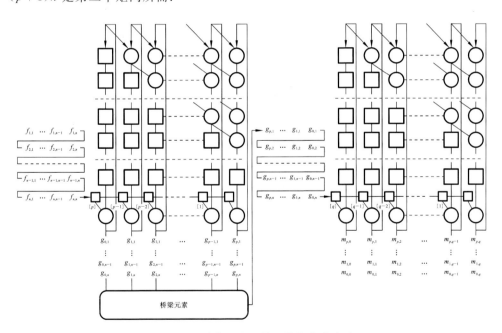

图 2.13　计算二维矩的可伸缩脉动阵列

第 2.3 节、2.4 节和 2.5 节所述内容可以推广至更高维矩的情况.更进一步地,只要将图像序列的数据连续不断地输入脉动阵列,即可用来计算图像序列的矩.

2.7　七个不变矩的脉动阵列

在 2.2 节中已经介绍了七个不变矩,我们知道七个不变矩可由计算普通矩得到.因此计算七个不变矩的脉动阵列,可由计算普通矩的脉动阵列再附加一部分脉动阵列得到.在图 2.14 中表示了计算七个不变矩的脉动阵列.计算普通矩的阵列输出结

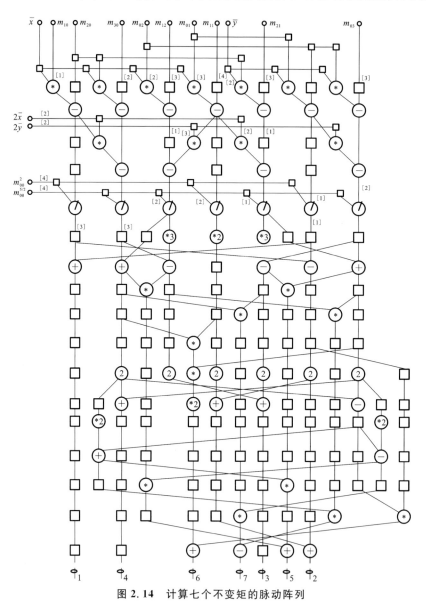

图 2.14　计算七个不变矩的脉动阵列

果经过这一个桥梁元素到达另一个脉动阵列,这是由于普通矩的输出是异步的,经此桥梁元素达到同步,此桥梁元素有 4 个顺序输入结点和 10 个输出结点,整个计算时间是 $8n+28$,$8n$ 是计算普通矩所需时间(此时 $p=q=3$),7 是计算桥梁元素所需时间,21 是计算七个不变矩所需时间.

2.8　与其他方法的比较

此节比较我们的方法与其他方法在面积和时间上的复杂度,图像大小为 $n\times n$,我们的脉动阵列计算出所有 $m_{r,s}(0\leqslant r\leqslant 7,Q\leqslant s\leqslant q)$,需要的时间为 $(p+q+2)n$,当 $p=q=3$(此情况在模式识别中使用最多)时,需要的时间为 $8n$,表 2.1 列出了并行算法时间复杂度比较,可知我们的方法是最快的. 另外,我们的脉动阵列优于文献[13]的 SIMD 算法,不仅在于脉动阵列的一致性和自然数据流动,SIMD 需要较多路径指令,而且我们的方法没有数据存取,而 SIMD 则不然.

从表 2.1 可以看出我们的方法是最快的,且没有增加面积 $\times$ 时间复杂度,关于并行算法的面积 $\times$ 时间复杂度比较结果列于表 2.2 中.

表 2.1　并行算法时间复杂度比较

	二　值　图　像		灰　度　图　像	
	乘法	加法	乘法	加法
PTT[11]	0	$82n-82$	不适用	
SIMD[13]	0	$8n+n+16\log_2 n$	0	$8n+12+16\log_2 n$
我们的方法	0	$8n$	0	$8n$

表 2.2　并行算法的面积 $\times$ 面积复杂度比较

	二　值　图　像		灰　度　图　像	
	乘法	加法	乘法	加法
PTT	0	$O(n^3)$	不适用	
SIMD	0	$O(n^3)$	0	$O(n^3)$
我们的方法	0	$O(n^3)$	0	$O(n^3)$

由于我们的方法也可以在顺序机上实现,表 2.3 中列出了在顺序机上实现各种方法的时间复杂度比较. 可知我们的算法优于 PTT 算法,比递归法稍逊.

表 2.3　顺序算法时间复杂度比较

	二 值 图 像		灰 度 图 像	
	乘法	加法	乘法	加法
直接法	$18n^2$	$10n^2$	$18n^2$	$10n^2$
Delta[8]	$25n$	$n(n+6)$	不适用	
PTT	0	$19(n-1)^2$	不适用	
递归法[12]	0	$n(8n+15)$	0	$n(8n+15)$
我们的方法	0	$(10n+40)(n-1)$	0	$(10n+40)(n-1)$

2.9　本章小结

在本章中,一种新的关于矩计算的算法和脉动阵列被提出,对关于它的可伸缩阵列也进行了探讨,由于脉动阵列的规则性和简单性,它可以直接采用 VLSI 实现.该阵列优于其他现有方法的时间和面积复杂度.它适用于灰度图像并可应用于更高维矩的计算.

第 3 章 三维及三维以上矩的快速计算

3.1 引　　言

作为二维矩的延伸,三维矩和不变矩在计算机视觉、目标识别、方向定位和图像分析中有着广泛的应用[15-20],这是因为围绕着我们的真实世界是三维世界.三维矩的快速计算问题解决得不太好.直接法由于需要大量乘法和加法使得它很难应用于实际中.树法进行了某些改进,但不充分[21],滤波法需要的乘法比直接法和树法要少[22].巴斯加三角形法只需要加法[23],速度大大提高,但是它不能应用于灰度图像,并且在串行情况下仍需要 $O(n^3)$ 次加法,在并行情况,加法次数可从 $O(n^3)$ 减少到 $O(n)$,然而需要 $O(n^2)$ 个加法器.当 n 较大时,$O(n^2)$ 加法器的硬件实现在目前技术条件下是不可能的.

同样,k 维矩($k \geqslant 4$)在力学、物理、统计中也是经常用到的概念[24-26],它们的快速计算除了使用高斯算法的直接计算外[27],还没有在文献中见到.

在这一章中,将第 2 章中计算二维矩的方法自然延伸到 k 维矩($k \geqslant 3$)的计算中,算法和脉动阵列都将在 k 维矩($k \geqslant 3$)的情况中得到表述,并且进行计算时间和面积复杂度分析,以及和其他方法的比较[28].

3.2 计算三维矩的方法

令 $f(x,y,z)$ 是图像强度函数,$p+q+r$ 阶矩的定义为

$$m_{p,q,r} = \iiint x^p y^q z^r f(x,y,z) \mathrm{d}x \mathrm{d}y \mathrm{d}i \tag{3.1}$$

$p,q,r \in \{0,1,2,\cdots\}$,则 $p+q+r$ 阶矩的离散形式为

$$m_{p,q,r} = \sum_{i=1}^{n} \sum_{j=1}^{n} \sum_{k=1}^{n} i^p j^q k^r f_{i,j,k} \tag{3.2}$$

设 $n \times n \times n$ 为图像大小,一个相乘的长度取为单位长,$f_{i,j,k}=f(i,j,k)$,则离散图像的三维矩的计算如下:

$$m_{p,q,r} = \sum_{i=1}^{n} \sum_{j=1}^{n} \sum_{k=1}^{n} i^p j^q k^r f_{i,j,k} = \sum_{k=1}^{n} k^r \sum_{j=1}^{n} j^q \sum_{i=1}^{n} i^p f_{i,j,k} \tag{3.3}$$

令

$$g_{p,j,k} = \sum_{i=1}^{N} i^p f_{i,j,k}, \quad h_{p,q,k} = \sum_{j=1}^{n} j^q g_{p,j,k} \tag{3.4}$$

则
$$m_{p,q,r} = \sum_{k=1}^{n} k^r h_{p,q,k} \qquad (3.5)$$

显然 $g_{p,j,k}, h_{p,q,k}, m_{p,q,r}$ 都化成了一维矩的形式,也就是说三维矩的计算可通过三个一维矩的计算实现.

3.3　计算三维矩的脉动阵列

从图 2.9 可知,p 阶矩网可计算一维矩 $\sum_{i=1}^{n} a_i i^p$,如果 $a_i(i=1,2,\cdots,n)$ 被 $f_{i,j,k}$ $(i,j,k=1,2,\cdots,n)$ 代替输入 p 阶矩网,可算出 $g_{p,j,k}$,为了计算 $m_{u,v,w}(u=0,1,\cdots,p;$ $v=0,1,\cdots,q;w=0,1,\cdots,r)$,整个计算过程分成三个阶段.第一阶段计算 $g_{u,j,k}(u=0,1,\cdots,p;j=0,1,\cdots,n;k=0,1,\cdots,n)$,第二阶段计算 $h_{u,v,k}(u=0,1,\cdots,p;v=0,1,\cdots,q;k=0,1,2,\cdots,n)$,第三阶段计算 $m_{u,v,w}(u=0,1,\cdots,p;v=0,1,\cdots,q;w=0,1,\cdots,r)$.第一阶段表示在图 3.1 中,$f_{1,n,n},f_{2,n,n},\cdots,f_{n,n,n}$ 同步地输进 p 阶矩网的 n 个输入结点,然后是 $f_{1,n-1,n},f_{2,n-1,n},\cdots,f_{n,n-1,n}$,最后是 $f_{1,1,1},f_{2,1,1},\cdots,f_{n,1,1}$,网的每个输入结点都输入 n^2 次.从 p 阶矩网的 $p+1$ 个输出结点每个时钟周期都输出 $p+1$ 个数.首先是 $g_{0,n,n},g_{1,n,n},\cdots,g_{p,n,n}$,然后是 $g_{0,n-1,n},g_{1,n-1,n},\cdots,g_{p,n-1,n}$,如此下去,最后是 $g_{0,1,1},g_{1,1,1},\cdots,g_{p,1,1}$.同样,在第二个阶段 $g_{u,j,k}(u=0,1,\cdots,p;j=0,1,\cdots,n;k=0,1,\cdots,n)$ 被输入 q 阶矩网,q 阶矩网由 $n-1$ 个 q-网和 $q+1$ 个插入的加法器组成,如图 3.2 所示.q 阶矩网的输出是 $h_{u,v,k}(u=0,1,\cdots,p;v=0,1,\cdots,q;k=0,1,\cdots,n)$ 在第三阶段,$m_{u,v,w}(u=0,1,\cdots,p;v=0,1,\cdots,q;w=0,1,\cdots,r)$ 被得到,此时 $h_{u,v,k}(u=0,1,\cdots,p;v=0,1,\cdots,q;k=0,1,\cdots,n)$ 被输入 r 阶矩网,如图 3.3 所示,r 阶矩网由 $n-1$ 个 r-网和另插入的 $r+1$ 个加法器组成.

在第一阶段的输出和第二阶段的输入以及第二阶段的输出和第三阶段的输入之一间需要装置一排桥梁元素,桥梁元素的结构原理图如图 3.4 所示.

设 T 表示整个计算时间,则
$$\begin{aligned} T &= [(p+1)+(n-1)(p+1)]+1+[(q+1)+(n-1)(q+1)] \\ &\quad +(n^2-n)+[(r+1)+(n-1)(r+1)]+[(p+1)(q+1)-1] \\ &= n^2+(p+q+r+2)n+(p+1)(q+1) \end{aligned} \qquad (3.6)$$

式中:$[(p+1)+(n-1)(p+1)]$ 是第一阶段所需时间;1 是桥梁元素 1 所需时间;$[(q+1)+(n-1)(q+1)]$ 是第二阶段所需时间;(n^2-n) 为另一桥梁元素 2 所需时间;$[(r+1)+(n-1)(r+1)]$ 是第三阶段所需时间;$[(p+1)(q+1)-1]$ 是收集全部矩所需时间(从第一个矩出现到最后一个矩出现经历的时间).

在图 3.1、图 3.2、图 3.3 中共使用了 $(p+1)(p+2)(n-1)/2+(q+1)(q+2)(n-1)/2+(r+1)(r+2)(n-1)/2$ 个加法寄存器,这些加法寄存器共进行了 $(p+1)$

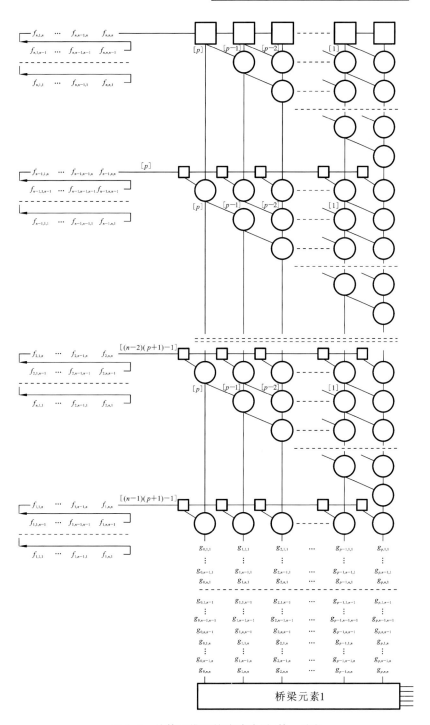

图 3.1　计算三维矩的脉动阵列：第一阶段

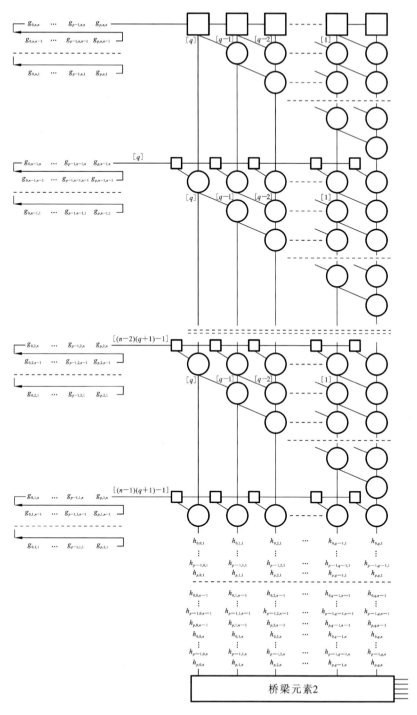

图 3.2 计算三维矩的脉动阵列:第二阶段

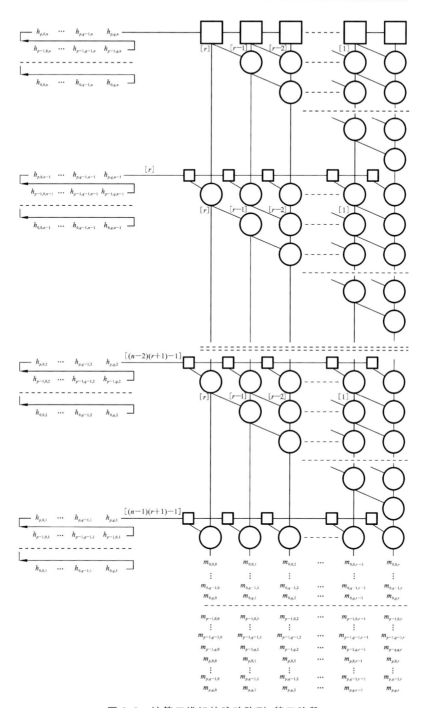

图 3.3　计算三维矩的脉动阵列:第三阶段

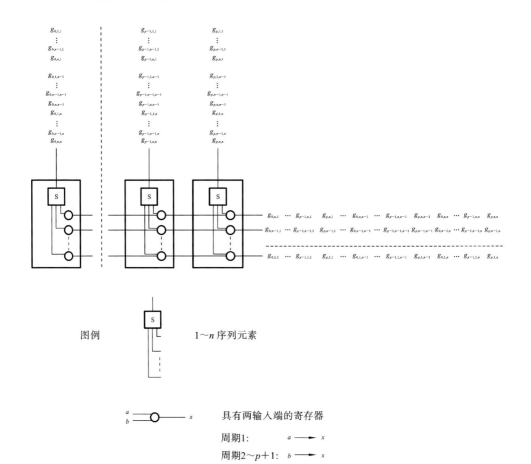

图例　　　　　　　　　$1\sim n$ 序列元素

$\begin{matrix} a \\ b \end{matrix}$ ──○──── x　　　具有两输入端的寄存器

周期1:　　　　a ──▶ x

周期2~p+1:　　b ──▶ x

图 3.4　桥梁元素的结构原理图(假定 $\lambda \gg p$)

$(p+2)(n-1)n^2/2+(q+1)(q+2)(n-1)n(p+1)/2+(r+1)(r+2)(n-1)(p+1)$
$(q+1)/2$ 次加法运算.

假定 $p \geqslant q \geqslant r$,我们也可以在一个 p 阶矩网完成全部计算,不过此时要使用反馈回路.

3.4　计算三维矩的可伸缩阵列

图 3.1、图 3.2、图 3.3 中,虽然设计了紧凑的脉动阵列,但它们仍需要 n 输入结点,当 n 很大时,硬件实现困难.下面给出一种可伸缩的阵列代替它们,比那些紧凑的脉动阵列更适合硬件实现,此阵列表示在图 3.5 中.

在图 3.5 中,使用一个 p-网、一个 q-网、一个 r-网和反馈回路取代了 p 阶矩网、q 阶矩网和 r 阶矩网组合,这样大大减少了面积和输入结点,不失一般性,假定 $p \geqslant q \geqslant$

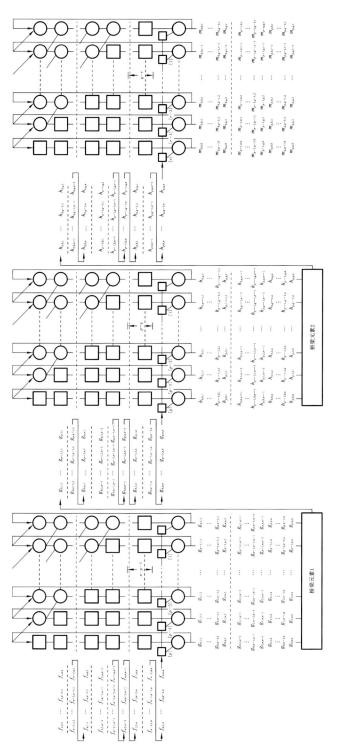

图 3.5　计算三维矩的可伸缩式阵列

r,数据依每个时钟周期顺序输入,在图 3.5 中除特别指明以外,数据的流动方向是从左到右和从上到下的. 为了确保相应的项相加,左边第一块阵列中每一列需 n 个时钟周期,第二块阵列中每一列需 $p+1$ 个时钟周期,第三块中每一列需 $q+1$ 个时钟周期. 这些可通过插入附加的寄存器做到. 第一块阵列(即 p-网中每一列)使用了 $n-p-1$ 个寄存器. 第二块 q-网中每一列使用了 $p-q$ 个寄存器. 第三块 r-网中使用了 $q-r$ 个寄存器,整个阵列中使用了 $(p+1)(p+2)/2+(q+1)(q+2)/2+(r+1)(r+2)/2$ 个加法器,计算时间为

$$(n^3+1)+[(p+1)n^2+1]+(p+1)(q+1)n=n^3+(p+1)n^2+(p+1)(q+1)n+2$$

脉动阵列和可伸缩脉动阵列都可用来计算图像序列的矩.

3.5　计算三维不变矩的可伸缩阵列

三维离散中心矩定义为

$$\mu_{p,q,r}=\sum_{i=1}^{n}\sum_{j=1}^{n}\sum_{k=1}^{n}(i-\bar{i})(j-\bar{j})(k-\bar{k})f_{i,j,k}$$

这里: $\bar{i}=m_{100}/m_{000}$,$\bar{j}=m_{010}/m_{000}$,$\bar{k}=m_{001}/m_{000}$.

三维离散中心矩可以用三维离散矩表示为

$$\mu_{000}=m_{000},\quad \mu_{100}=0,\quad \mu_{010}=0,\quad \mu_{001}=0$$

$$\mu_{200}=m_{200}-\frac{m_{100}^2}{m_{000}},\quad \mu_{020}=m_{020}-\frac{m_{010}^2}{m_{000}},\quad \mu_{002}=m_{002}-\frac{m_{001}^2}{m_{000}}$$

$$\mu_{110}=m_{110}-\frac{m_{010}m_{100}}{m_{000}},\quad \mu_{101}=m_{101}-\frac{m_{100}m_{001}}{m_{000}},\quad \mu_{011}=m_{011}-\frac{m_{001}m_{010}}{m_{000}}$$

三维离散中心矩的规范化定义为

$$\eta_{p,q,r}=\frac{\mu_{pqr}}{(\mu_{000})^{(p+q+r)/3}+1},\quad p,q,r=1,2,3,4,5,\cdots$$

Sadjadi 定义的三个三维不变矩表示为

$$I_1=\eta_{200}+\eta_{020}+\eta_{002}$$

$$I_2=\eta_{200}\eta_{020}+\eta_{200}\eta_{002}+\eta_{020}\eta_{002}-\eta_{101}^2-\eta_{110}^2-\eta_{011}^2$$

$$I_3=\eta_{200}\eta_{020}\eta_{002}-\eta_{002}\eta_{110}^2+2\eta_{110}\eta_{101}\eta_{011}-\eta_{020}\eta_{101}^2-\eta_{200}\eta_{011}^2$$

这里给出计算以上三维不变矩的算法结构. 在这个计算结构中有三个子结构. 首先使用一个前面已介绍的脉动阵列计算 3-D 矩,只要对这个阵列输入强度函数 $f_{i,j,k}$ $(i,j,k=1,2,\cdots,n)$ 就可以了. 然后分别构造计算中心矩和规范化中心矩以及不变矩的脉动阵列,最后将这三个脉动阵列组合起来就构造出来计算三维不变矩的脉动阵列. 这个阵列在图 3.6 中表示,由于计算一般三维矩的脉动阵列在前面详细介绍过,在图 3.6 中就省略了,只将三维矩作为图中阵列的输入.

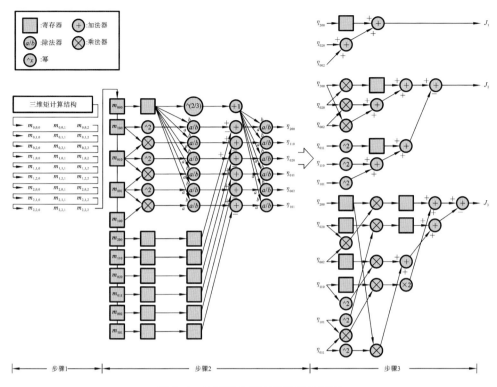

图 3.6　计算三维不变矩的脉动阵列

3.6　计算 k 维矩的算法$(k \geqslant 4)$

以上所述计算三维矩的算法和脉动阵列可用来计算三维以上的矩. 首先对三维以上 q 阶矩进行定义.

设 $f(x_1, x_2, \cdots, x_k) \geqslant 0$ 是一个有限区域 A 上的 k 维函数, 此函数的 $p_1 + p_2 + \cdots + p_k$ 阶矩定义为

$$m_{p_1, p_2, \cdots, p_k} = \cdots \iint_A x_1^{p_1} x_2^{p_2} \cdots x_k^{p_k} f(x_1, x_2, \cdots, x_k) \mathrm{d}x_1 \mathrm{d}x_2 \cdots \mathrm{d}x_k \quad (3.7)$$

这里: $p_1, p_2, \cdots, p_k \in \{0, 1, 2, \cdots\}$. 则 $p_1 + p_2 + \cdots + p_k$ 阶矩的离散形式为

$$m_{p_1, p_2, \cdots, p_k} = \sum_{i_1=1}^{n} \sum_{i_2=1}^{n} \cdots \sum_{i_k=1}^{n} i_1^{p_1} i_2^{p_2} \cdots i_k^{p_k} f_{i_1, i_2, \cdots, i_k} \quad (3.8)$$

在数值分析中, 式(3.7)中的积分通常采用高斯方法. 它是非常耗时的. 式(3.8)的离散形式很显然需要大量的乘法和加法. 如果直接计算, 则需要 $n^k - 1$ 次加法和 $n^k(p_1 + p_2 + \cdots + p_k - R)$ 次乘法.

式(3.8)可以转化为

$$m_{p_1,p_2,\cdots,p_k} = \sum_{i_1=1}^{n}\sum_{i_2=1}^{n}\cdots\sum_{i_k=1}^{n} i_1^{p_1} i_2^{p_2}\cdots i_k^{p_k} f_{i_1,i_2,\cdots,i_k}$$

$$= \sum_{i_1=1}^{n}\sum_{i_2=1}^{n}\cdots\sum_{i_{k-1}=1}^{n} i_1^{p_1} i_2^{p_2}\cdots i_{k-1}^{p_{k-1}} g_{i_1,i_2,\cdots,i_{k-1},p_k} \tag{3.9}$$

这里：

$$g_{i_1,i_2,\cdots,i_{k-1},p_k} = \sum_{i_k=1}^{n} i_k^{p_k} f_{i_1,i_2,\cdots,i_k} \tag{3.10}$$

$g_{i_1,i_2,\cdots,i_{k-1},p_k}$ 是一个一维矩，它可由前述的方法计算，$m_{p_1,p_2,\cdots,p_k}$ 通过式(3.9)转化成 k 个一维矩计算．通过数学归纳法，容易证明 $m_{p_1,p_2,\cdots,p_k}$ 可以通过脉动阵列计算．

与三维矩情况类似，计算 k 维矩的脉动阵列可由 k 个计算一维矩的脉动阵列串联组成，它的计算时间是 $O(n^{k-1})$，这可以通过数学归纳法加以证明．此计算也可以用软件在串行机上进行计算，此时算法需进行 $[(p_1+1)(p_1+2)(n-1)n^{k-1}+(p_2+1)(p_2+2)(n-1)n^{k-2}(p_1+1)+(p_3+2)(n-1)n^{k-3}(p_1+1)(p_2+1)+\cdots+(p_k+1)(p_k+2)(n-1)(p_1+1)(p_2+1)\cdots(p_k+1)]/2$ 次加法．如果 $p_1\leqslant p_2\leqslant p_3\leqslant\cdots\leqslant p_{R-1}\leqslant p_R$，则此时加法数量最少．

同样可用数学归纳法证明，R 维矩（$k\geqslant 4$）可用可伸缩脉动阵列计算，此阵列可用 k 个 p_i-网（$i=1,2,\cdots,k$）串接和反馈回路组成，它的计算时间是 $O(n^k)$．

3.7　与其他方法的比较

在 VLSI 电路中，面积×时间是一个重要的设计复杂度指标．在表 3.1 中列出各种方法在顺序机上实现的计算复杂度，在表 3.2 中列出面积×时间复杂度比较．比较时，假定 $p=q=r$，并且所有矩 $m_{u,v,w}$（$0\leqslant u\leqslant p,0\leqslant v\leqslant q,0\leqslant w\leqslant r$）都需计算出来．

表 3.1　各种方法在顺序机上实现的计算复杂度

方　　　法	乘　　　法	加　　　法
直接法	$\sum_{n=1}^{p} m(m+1)(m+2)n^3/4$	$(p^3+6p^2+11p)(n^3-1)/6$
树法[21]	$(p^3+6p^2+11p+6)n^3/6$	$(p^3+6p^2+11p)(n^3-1)/6$
滤波法[22]	$p(p-1)(n^2+4n+16)/2$	$(p+1)(n^3+4n^2+16)+p(p-1)(n^2+4n+16)/2$
PTT 方法[23]	0	$[p^3(p+1)/2+1](n-1)^3$
我们的方法[28]	0	$(p+1)(p+2)(n-1)[n^2+(p+1)n+(p+1)^2]/2$

表 3.2　面积×时间复杂度比较

方　　法	乘　　法	加　　法
直接法	$O(n^3)$	$O(n^3)$
树法	$O(n^3)$	$O(n^3)$
滤波法	$O(n^3)$	$O(n^3)$
PTT 方法	0	$O(n^3)$
我们的方法	0	$O(n^3)$

从表 3.1 和表 3.2 中可以得知,我们的方法速度最快,没有增加面积×时间的复杂度,且不包含任何乘法,而文献[23]提出的 PTT 方法需要乘法。文献[23]的 PTT 方法无法处理灰度图像,而我们的方法由于使用了 p-网的新型迭代方式,所以能够有效处理灰度图像,且需要的时间更少。将我们的方法的串行计算结构与 PTT 方法的串行计算结构比较,假设 rat 表示 PTT 方法的加法数量与我们的方法的加法数量的比值,当 $n \to \infty$ 时,有 rat $\to p^3/(p+2)$,说明随着 n 的增大,PTT 方法的加法数量比我们的方法的加法数量增加更快。例如,当 $n=128$,且 $p=3$ 时,rat 约等于 5.3,说明 PTT 方法的加法数量是我们的方法的加法数量的 5.3 倍;当 $n=256$,且 $p=4$ 时,rat 超过了 10,说明 PTT 方法的加法数量是我们的方法的加法数量的 10 倍多。将我们的方法的并行计算结构与 PTT 方法的并行计算结构相比,我们的方法的脉动式结构加法器数量为 $O(n)$,而 PTT 方法的加法器数量为 n^2,所以 PTT 方法在 n 较大时具有更高的硬件复杂度.

表 3.3 列出了本书提出的方法计算 k 维矩的计算时间复杂度($k \geqslant 4$).

表 3.3　k 维矩的计算时间复杂度($k \geqslant 4$)

方　　法	乘　　法	加　　法
直接法	$O(n^k)$	$O(n^k)$
脉动阵列	0	$O(n^{k-1})$
我们的串行算法	0	$O(n^k)$

3.8　本 章 小 结

关于三维矩计算的新算法和脉动阵列被提出来,并且推广到 k 维矩($k \geqslant 4$)的计算上.计算的复杂度被分析,并且特别设计了计算三维矩的脉动阵列和可伸缩脉动阵列以及计算三维不变矩的脉动阵列.

脉动阵列以及可伸缩脉动阵列仅由加法器和寄存器组成,其排列高度规则且流向唯一,此结构极为适合 VLSI 实现.

　　此方法可适用二值图像和灰度图像,在三维情况下将时间复杂度从 $O(n^3)$ 降至 $O(n^2)$,而面积复杂度均为 $O(n)$. 在 k 维情况下,串行算法时间复杂度为 $O(n^k)$,脉动阵列计算时间为 $O(n^{k-1})$ 个加法周期,面积复杂度仍为 $O(n)$. 此方法适用于任意阶和任意维的矩计算.

第 4 章　基于一阶矩的离散卷积和相关快速计算

4.1　引　　言

离散卷积和相关快速计算是数字信号和图像处理中最重要的数学工具之一,在信号滤波、频域变换、模式匹配、神经网络等领域得到了广泛应用.但是,由于卷积和相关的本质是内积操作,一般需要较多乘法和加法,导致其计算过程通常复杂度极高,特别是在卷积或相关长度过大的情况下,现有计算技术往往消耗很多计算资源,却难以满足计算实时性的要求,因此需要更加高效的算法及硬件来简化、加速计算过程.

从算法来讲,目前主要采用三种类型的算法来提高卷积或相关的运算效率.第一,基于快速傅里叶变换(fast Fourier transform,FFT)的算法.当计算一个长度为 N 的卷积时,使用快速傅里叶变换的复杂度只有 $O(N\log_2 N)$[29].然而,快速傅里叶变换具有不适用离散数据运算、存在舍入误差、需要预先处理三角函数等缺点,且涉及复杂的复数乘法.第二,基于多项式变换的算法.利用 Nussbaumer 等提出的有理数域上的多项式变换理论简化多维长卷积,只需要实数运算,乘法大量减少,还有类似于快速傅里叶变换的快速算法.然而,多项式变换往往需要大量加法,计算过程复杂,而且原理不易理解[30].第三,基于卷积核分解的算法.将长的卷积核分解为多个短的卷积核,每个短卷积核都采用简单方法计算,这也是目前最常用的方法.例如,Agarwal-Cooley 算法利用 FFT 的特性对循环卷积进行分解,Narasimha 设计将线性卷积分解为多个循环卷积[31];Sussner 和 Ritter 研究将二维卷积中的多项式核分解为更小的核.但是,以上三种类型的算法具有共同缺点,即都涉及非常复杂的计算过程,不能直接用于任意长度的卷积.另外,分配算法(distributed algorithm,DA)也常用于加速卷积,虽然其需要很多的 ROM 存储计算中间值,但可以完全消除卷积中的乘法,且加法增加有限.

从硬件来讲,超大规模集成电路(VLSI)已经用于提高卷积或相关的运算速度,特别是脉动阵列由于简单性、规则化、并行好等优点得到广泛的采用.例如,Cheng 和 Parhi 提出了一种用于循环卷积的 VLSI 结构,可对任意长度的卷积进行计算[32];Meher 设计了一种基于矩形变换的脉动单元,能够较好地执行短循环卷积.另外,将脉动阵列与 DA 算法结合可以得到更高效的卷积硬件,其中 Chen 和 Meher 设计了基于 DA 算法的脉动阵列,但是需要复杂的移位器与地址解码器进行阵列控制[33,34].

本章提出一种针对数字卷积的无乘法快速算法.该算法首先将卷积看作是输入序列与卷积核的内积操作;然后根据内积与一阶矩的关系将卷积转换为一阶矩的形式;最后通过引用本书第 2 章介绍的矩算法来快速计算卷积所转换成的一阶矩,由此实现了对任意长度卷积的快速计算.与传统卷积算法相比,基于一阶矩的卷积算法具有无乘法、计算结构简单、易于理解的优点.此外,由于卷积和第 2 章的矩算法均可采用脉动阵列实现,本章还设计了一个全新的脉动阵列用于执行基于一阶矩的卷积算法.

相关与卷积具有基本相同的结构,两者都是输入序列与卷积核或相关核的内积操作,只是序列元素的输入顺序相反,所以它们通常共享快速算法及加速硬件都可以采用基于一阶矩的算法实现.因此,本章不再对基于一阶矩的相关算法进行介绍,而是重点介绍相关中的特殊形式——归一化相关的基于一阶矩快速算法.

4.2　基于一阶矩的卷积公式

首先建立以一阶矩表示的卷积计算形式.假设两个长度为 N 的数字序列 $\{f(i)\}$ 和 $\{g(i)\}$,其中 $\{g(i)\}$ 是卷积核且 $g(i) \in \{0,1,\cdots,L\}$,$\{f(i)\}$ 是输入序列且无取值范围限制,则定义卷积的公式为

$$c(n) = f(n) * g(n) = \sum_{i=0}^{N-1} f(n-i)g(i), \quad n = 0,2,\cdots,N-1 \quad (4.1)$$

该卷积公式可以根据内积的特性,使用数学变换方法将其转换为一阶矩的形式.具体变换方法如下.

(1) 定义 $L+1$ 个集合 $S_k(k=0,1,2,\cdots,L)$,将序列 $\{0,1,2,\cdots,N-1\}$ 划分为 $L+1$ 个部分,即

$$S_k = \{i \mid g(i) = k, i \in \{0,1,2,\cdots,N-1\}\}, \quad k = 0,1,2,\cdots,L \quad (4.2)$$

集合 S_k 可认为是满足条件 $g(i)=k$ 的所有数据 i 的集合序列.

(2) 使用 S_k 定义一个新的序列 $\{a_k(n)\}$:

$$a_k(n) = \begin{cases} \sum_{i \in S_k} f(n-i), & S_k \neq \varnothing \\ 0, & \text{其他} \end{cases}, \quad k = 0,1,2,\cdots,L \quad (4.3)$$

元素 $a_k(n)$ 可认为是序列 $\{f(n-i)\}$ 中满足条件 $g(i)=k$ 的所有元素 $f(n-i)$ 的累加和,所以序列 $\{a_k(n)\}$ 是一个数学统计序列,用于统计在计算 $c(n)$ 时有多少个 k 需要

被累加. 建立 $\{f(n-i)\}$ 与 $\{a_k(n)\}$ 的关系为

$$\sum_{i=0}^{N-1} f(n-i) = \sum_{k=0}^{L} a_k(n) \tag{4.4}$$

$$\sum_{i=0}^{N-1} f(n-i)g(i) = \sum_{k=0}^{L} a_k(n)k = \sum_{k=1}^{L} a_k(n)k \tag{4.5}$$

利用式(4.5),将式(4.1)转换为

$$c(n) = \sum_{k=0}^{L} a_k(n)k = \sum_{k=1}^{L} a_k(n)k \tag{4.6}$$

以上公式中的 $\sum\limits_{k=1}^{L} a_k(n)k$ 即为卷积的一阶矩表示形式. 因此,由该公式可将卷积 $f(n) * g(n)$ 的内积计算转换为序列 $\{a_k(n)\}$ 的一阶矩计算.

4.3　一阶矩快速算法和脉动阵列

为了加快计算式(4.6)中的一阶矩 $\sum a_k(n)k$,关键问题是减少乘法的数量. 在文献[35]、文献[36]中,我们借鉴本书第 2 章介绍的多阶矩快速算法,提出了一种简单、无乘法的一阶矩算法及其脉动阵列计算结构,可用于式(4.6)中 $\sum a_k(n)k$ 的快速计算.

4.3.1　一阶矩快速算法

首先简化图 2.4 的网络结构,建立如图 4.1 所示的 1-网络结构. 该网络表示将矢量 $(1, x)$ 映射为 $(1, (1+x))$ 的过程. 定义该网络的映射过程为 F,即

$$F(1, x) = (1, (1+x))$$

对于 F 有如下等式成立:

$$F(a, ax) = (a, a(1+x))$$

$$F(a+b, a+b) = F(a, a) + F(b, b)$$

$$F^2(1, x) = F(F(1, x)) = F(1, (1+x)) = (1, (2+x))$$

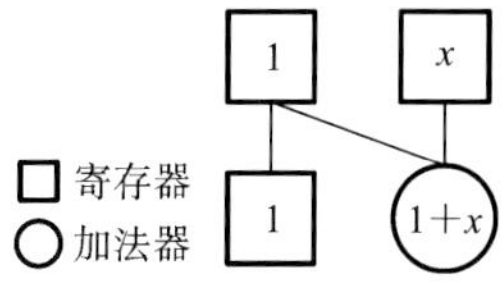

图 4.1　1-网络结构

以上等式一般化为

$$F^{L-1}(1, x) = F(\cdots F(1, x)\cdots) = (1, (L-1+x))$$

$$F^{L-1}(1, 1) = F(\cdots F(1, 1)\cdots) = (1, L) \tag{4.7}$$

为了使用 F 的结构来计算一阶矩,假设 $\boldsymbol{a}_k = (a_k, a_k)$ $(k=1, 2, 3, \cdots, L)$,根据式(4.7)可得

$$F(F(\boldsymbol{a}_k) + \boldsymbol{a}_{k-1}) = F(F(\boldsymbol{a}_k)) + F(\boldsymbol{a}_{k-1}) = F^2(\boldsymbol{a}_k) + F(\boldsymbol{a}_{k-1})$$

将其扩展为

$$F(F(\cdots(F(F(F(\boldsymbol{a}_L)+\boldsymbol{a}_{L-1})+\boldsymbol{a}_{L-2})+\cdots)+\boldsymbol{a}_2)+\boldsymbol{a}_1$$

$$=F^{L-1}(\boldsymbol{a}_L)+F^{L-2}(\boldsymbol{a}_{L-1})+\cdots+F^2(\boldsymbol{a}_3)+F(\boldsymbol{a}_2)+\boldsymbol{a}_1$$

$$=\Big(\sum_{k=1}^{L}a_k, \sum_{k=1}^{L}a_kk\Big) \tag{4.8}$$

根据式(4.8),$\{a_k\}$的一阶矩 $\sum a_kk$ 可通过 F 的 $L-1$ 次迭代计算,因此该一阶矩的算法流程如下,总共需要 $3(L-1)-1$ 次加法,不需要乘法.该算法的计算结构如图 4.2 所示.

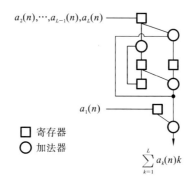

$$a_2(n),\cdots,a_{L-1}(n),a_L(n)$$

$$a_1(n)$$

$$\sum_{k=1}^{L}a_k(n)k$$

□ 寄存器
○ 加法器

算法 4-1　Moment$(a_L(n), a_{L-1}(n), \cdots, a_0(n))$

Initial $\boldsymbol{a} \leftarrow (a_L(n), a_L(n))$	//定义二元数组 $\boldsymbol{a}$
for each　$k\in[2, L]$　do	//执行式(4.7)
$\boldsymbol{a}[1] \leftarrow \boldsymbol{a}[1]+\boldsymbol{a}[0]$	//执行 1-网络 $F(\boldsymbol{a})$
$\boldsymbol{a}[1] \leftarrow \boldsymbol{a}[1]+a_{L-k+1}(n)$	
$\boldsymbol{a}[0] \leftarrow \boldsymbol{a}[0]+a_{L-k+1}(n)$	
end for	
$\boldsymbol{a}[0] \leftarrow \boldsymbol{a}[0]+a_0(n)$	
return $\boldsymbol{a}$	

图 4.2　一阶矩循环计算结构

4.3.2　一阶矩脉动阵列

从硬件实现的角度上,图 4.2 的计算结构使用了 1-网络的循环结构,只需要 5 个寄存器和 4 个加法器.但是,如果将多个 1-网络进行组合,则可以将图 4.2 的循环结构转换为图 4.3 所示的并行结构,进而将式(4.8)使用脉动阵列实现,达到一阶矩 $c(0)$,$c(1)$,$\cdots$,$c(N-1)$ 的连续及并行计算.

在图 4.3 中,一阶矩脉动阵列由 $L-1$ 个 1-网络和 L 个寄存器组成,每个时钟周期在输入端输入一组序列 $\{a_k(n)\}$,在输出端得到 1 个一阶矩计算结果.为了确保阵

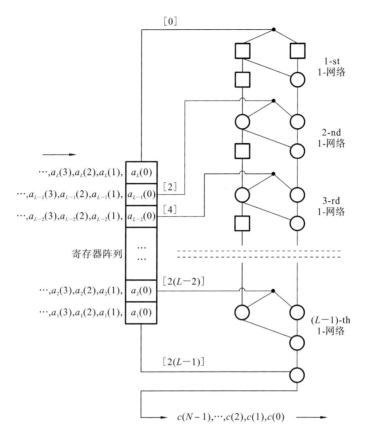

图 4.3　一阶矩脉动阵列计算结构

列运行的并行性,计算过程中需要将 L 个 $a_k(n)$ 按照一定间隔和顺序输入不同的 1-网络中,即图 4.3 中"[ ]"包括的数字表示输入延时,可使用寄存器实现,具体为 $a_k(n)$ 在延时 $n+2(L-k)$ 周期后输入第 $(L+1-k)$ 个 1-网络,所以脉动阵列的整个延时为 $2(L-1)+1$ 个时钟周期.使用该阵列计算一个长度为 N 卷积的总时钟周期为

$$2L-1+1+N-1=2L+N-1$$

4.3.3　一阶矩脉动阵列的改进型

在 4.3.1 节中算法最大的缺点是需要很多加法,尤其当卷积长度 N 较大时会产生很高的计算复杂度.为了减少加法数量,可以根据序列 $\{a_k(n)\}$ 的奇偶关系,将一阶矩 $\sum a_k k$ 的计算分解成两个较小矩的计算,分解方法如下:

$$\sum_{k=0}^{L} a_k(n) = \sum_{k=1}^{L/2} [a_{2k-1}(n) + a_{2k}(n)] + a_0(n) \tag{4.9}$$

$$\sum_{k=1}^{L} a_k(n)k = \sum_{k=1}^{L/2} a_{2k-1}(n)(2k-1) + \sum_{k=1}^{L/2} a_{2k}(n)2k$$

$$= 2\sum_{k=1}^{L/2} [a_{2k-1}(n) + a_{2k}(n)]k - \sum_{k=1}^{L/2} a_{2k-1}(n) \tag{4.10}$$

根据以上公式,可以将图 4.2 的计算结构改进为图 4.4 所示结构.该改进算法首先使用 $L/2$ 个加法获得序列 $\{a_{2k-1}(n) + a_{2k}(n)\}$、$L/2-1$ 个加法累加获得 $\sum a_{2k-1}(n)$,然后将 $L/2-1$ 个 $a_{2k-1}(n) + a_{2k}(n)$ 迭代地输入 1-网络,最后使用 1 个左移和一个减法获得 $\sum a_k(n)k$,所以该算法的加法减少到 $5L/2-1$ 个.虽然我们还可以将序列 $\{a_{2k-1}(n) + a_{2k}(n)\}$ 的矩拆分为更小的矩来进一步减少加法数量,但这样会导致算法结构的复杂度快速增加,反而影响程序的执行效率,所以一般只执行 $\{a_k(n)\}$ 到 $\{a_{2k-1}(n) + a_{2k}(n)\}$ 的一次拆分.

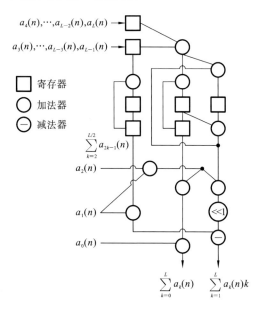

图 4.4   一阶矩循环计算结构的改进型

同理,根据图 4.4 可以将图 4.3 的脉动阵列改进为图 4.5 所示结构,该结构只需要 $L/2-1$ 个 1-网络、$5L/2-3$ 个加法器、$L/2+3$ 个寄存器.阵列的延时减少为 $L+1$ 个时钟周期,计算一个长度为 N 卷积的总时钟周期为

$$L+1+1+N-1 = L+N+1$$

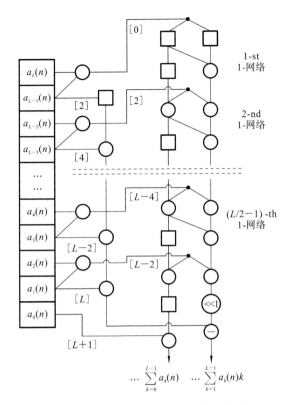

图 4.5　一阶矩脉动计算结构的改进型

4.4　基于一阶矩的卷积算法和脉动阵列

以 $\{f(i)\}$ 和 $\{g(i)\}$ 的线性卷积为例,说明使用 4.3.1 节的一阶矩算法计算式 (4.1) 的过程.计算循环卷积的过程与线性卷积相似,只是输入数据不同,所以在本书中不再讨论循环卷积.

4.4.1　基于一阶矩的卷积算法

根据 4.2 节和 4.3.1 节,将一阶矩的快速算法引入式(4.7)中,可以得到一个单步卷积 $c(n)$ 的计算过程,分为以下三步.

步骤(1):初始化所有 $a_k(n)=0, k=0, 1, 2, \cdots, L$.

步骤(2):根据 $f(n-i)$ 和 $g(i)$ 计算序列 $\{a_k(n)\}$,需要 N 个加法.

步骤(3):根据式(4.8),将序列 $a_k(n)$ 迭代输入 1-网络 F 中计算一阶矩 $\sum a_k(n)k$,需要 $3(L-1)-1$ 个加法.

该算法每输出一个卷积 $c(n)$ 需要 $N+3(L-1)-1$ 次加法.算法的结构如图4.6

所示,由一个预处理模块 A 和一个 1-网络组成.其中模块 A 由 L 个自加法器组成
(编号 $1, 2, \cdots, L$),用于根据输入的 $f(n-i)$ 和 $g(i)$ 获得序列 $\{a_k(n)\}$.在算法执行
过程中,每个时钟周期向模块 A 输入一个 $f(n-i)$ 和 $g(i)$,然后 A 将编号为 $g(i)$ 的
自加器中存储的数据与 $f(n-i)$ 相加,相加的值仍保存在编号为 $g(i)$ 的自加器中.当
所有 $f(n-i)$ 和 $g(i)$ 输入模块 A 后,需要的序列 $\{a_k(n)\}$ 即存储在 A 相应的加法器
中,然后序列 $\{a_k(n)\}$ 经过 1-网络的循环得到一个 $c(n)$.该算法不涉及乘法操作,硬
件结构的复杂度主要取决于 L 而不是 N.

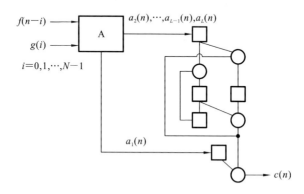

图 4.6　基于一阶矩的卷积算法结构

例如,假设卷积核 $\{g(i)\}=\{2, 3, 1, 2, 1\}$,使用本算法计算 $c(n)$ 的流程如下.
(1) 根据式(4.2)设置:
$$S_0 = \varnothing, \quad S_1 = \{2, 4\}, \quad S_2 = \{0, 3\}, \quad S_3 = \{2\}$$
(2) 根据式(4.3)计算 $\{a_k^n\}$:
$$a_1^0 = f(3) + f(1), \quad a_2^0 = f(0) + f(2), \quad a_3^0 = f(4)$$
$$a_1^1 = f(4) + f(2), \quad a_2^1 = a_1^0, \quad a_3^1 = f(0)$$
$$a_1^2 = f(0) + f(3), \quad a_2^2 = a_1^1, \quad a_3^2 = f(1)$$
$$a_1^3 = f(1) + f(4), \quad a_2^3 = a_1^2, \quad a_3^3 = f(2)$$
$$a_1^4 = a_2^0, \quad a_2^4 = a_1^3, \quad a_3^4 = f(3)$$
(3) 根据式(4.8),使用 $\{a_k^n\}$ 计算 $c(n)$:
$$\boldsymbol{a} = F(a_2^0, a_2^0), \quad c(0) = \boldsymbol{a}[1]$$
$$\boldsymbol{a} = F(a_2^1, a_2^1), \quad c(1) = \boldsymbol{a}[1] + a_1^1$$
$$\boldsymbol{a} = F(F(a_3^2, a_3^2) + [a_2^2, a_2^2]), \quad c(2) = \boldsymbol{a}[1] + a_1^2$$
$$\boldsymbol{a} = F(F(a_3^3, a_3^3) + [a_2^3, a_2^3]), \quad c(3) = \boldsymbol{a}[1] + a_1^3$$
$$\boldsymbol{a} = F(F(a_3^4, a_3^4) + [a_2^4, a_2^4]), \quad c(4) = \boldsymbol{a}[1] + a_1^4$$

4.4.2　基于一阶矩的卷积脉动阵列

根据 4.2 节和 4.3.2 节,设计一个简单的脉动阵列计算线性卷积.该阵列由三部

分组成：存储 N 个 $f(n-i)$ 的线性队列；由 L 个子模块 A_k 组成的获取序列 $\{a_k(n)\}$ 的模块 A；以及计算一阶矩的模块 M.该脉动阵列的结构如图 4.7 所示，最多使用 $N+3(L-1)-2$ 个加法器，每个周期输出一个计算结果，"[ ]"中的延时使用寄存器实现.在每个时钟周期，首先将线性队列的数据依次前移，并向线性队列输入一个新的 $f(i)$；然后 N 个 $f(i)$ 经过模块 A 处理得到 L 个 $a_k(n)$；最后 $\{a_k(n)\}$ 输入模块 M 中并分配到不同的 1-网络中计算一阶矩.

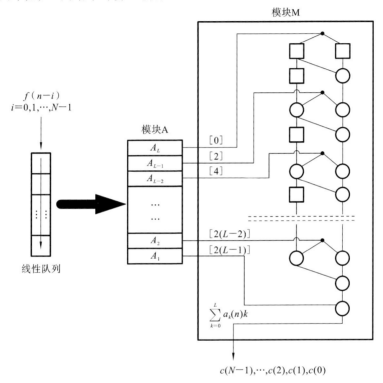

图 4.7　卷积的脉动阵列

4.4.3　模块 A 结构分析

模块 A 的结构并非针对任何卷积都是固定的，而是会随卷积核序列 $\{g(i)\}$ 的取值变化而发生变化.例如，如果 $g(i)\neq g(j)(i\neq j,\ i,\ j=0,1,2,\cdots,N-1)$，则模块 A 中不需要加法器，$N$ 个 $f(n-i)$ 不用处理直接输入模块 M；如果 $g(i)=g(j)$（$i\neq j,\ i,\ j=0,1,2,\cdots,N-1$），则 A 需要 $N-1$ 个加法器来累加 N 个 $f(n-i)$，计算时间为 $\log_2 N$.由此可知，模块 A 中加法器的数量在 $[0,\ N-1]$ 变化，相应的运行时间在 $[0,\ \log_2 N]$ 变化.如图 4.8 所示，当 $N=4$，$L=4$ 时，$\{g(i)\}=\{2,1,4,2\}$，可以用 1 个加法器和 3 个初始值为 0 的寄存器设计图 4.8(a)所示的模块 A，运行时间为 1 个周期；当 $N=4$，$L=4$ 时，$\{g(i)\}=\{4,4,4,4\}$，可以设计图 4.8(b)所示的模块

A，运行时间为 2 个时间周期．由于一般情况下卷积核 $\{g(i)\}$ 是固定的，所以不需要频繁修改模块 A 的结构．

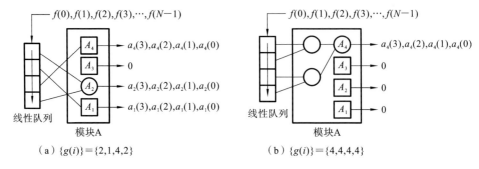

（a）$\{g(i)\}=\{2,1,4,2\}$　　　　　　（b）$\{g(i)\}=\{4,4,4,4\}$

图 4.8　模块 A 的结构

模块 A 的结构不仅与卷积长度 N 有关，还与 $\{g(i)\}$ 中元素取值的分布情况相关，所以图 4.7 脉动阵列的加法器总数为 $[3(L-1)-1，N-1+3(L-1)-1]$，延时为 $[2L，1+\log_2 N+2L-1=\log_2 N+2L]$，计算一个长度 N 的线性卷积最多需要

$$1+\log_2 N+2L-1+N-1=\log_2 N+2L+N-1$$

个时钟周期．以上公式中，1 是将 $f(i)$ 输入线性数组中消耗的时间，$\log_2 N$ 是预处理并得到 $\{a_k(n)\}$ 的时间，$2L-1$ 是计算一阶矩的时间，最后 $N-1$ 是连续输出 $c(n)$（$n=1，2，\cdots，N-1$）的时间．

4.5　复杂度分析与比较

由于本章提出的卷积算法和脉动阵列不涉及乘法，所以只分析加法器和寄存器的复杂度，然后将其与其他现有的算法和计算结构比较．

4.5.1　一阶矩的计算量公式及证明

为了分析基于一阶矩的卷积算法在计算一个单点卷积时的计算量，可以将式（4.1）和式（4.6）综合为

$$c(n)=\sum_{i=0}^{N-1}f(n-i)g(i)=\sum_{k=0}^{L-1}[g(i_{t_1})+g(i_{t_2})+\cdots+g(i_{t_k})]k$$

其中：$i_{t_1}+i_{t_2}+\cdots i_{t_k}+\cdots+i_{t_{L-1}}=N$．合并同类项中的加法数量为

$$(i_{t_1}-1)+(i_{t_2}-1)+\cdots+(i_{t_k}-1)+\cdots+(i_{t_{L-1}}-1)=N-(L-1)=N-L+1$$

$$(4.11)$$

由于计算一阶矩的加法数量为

$$3(L-1)-1=3L-4 \qquad (4.12)$$

所以整个卷积（也可用于变换、相关的分析）的总加法数量为

$$(N-L+1)+(3L-4)=N+2L-3 \qquad (4.13)$$

在统计 $\{a_k\}$ 的过程中,当 k 的某个值没有任何 $f(n-i)$ 与其匹配时,虽然式(4.11)中会减少 1 个加法,但是式(4.12)中相应会增加 1 个加法,所以总加法数量不变仍为 $N+2L-3$.如果灰度级不是从 0 而是从 1 到 $L-1$,则式(4.11)、式(4.12)、式(4.13)的右边分别变成

$$N-L、3L-2、N+2L-2$$

4.5.2　复杂度分析

假设 n_c 为使用一阶矩算法计算一个长度为 N 的线性卷积的复杂度,可以将 n_c 分为两个部分:式(4.3)中计算 $\{a_k^n\}$ 的加法数量 n_a;式(4.8)中计算一阶矩的加法数量 n_m.

1. 计算 n_a

假设 s 代表子集序列 $S_k(k=1,2,\cdots,L)$ 中元素不为 0 的集合的数量,则

$$s=|\{k|S_k\neq\varnothing,k\in\{0,1,2,\cdots,N-1\}\}|,\quad \text{其中}s\in\begin{cases}[1,L],&N\geqslant L\\[1,N],&N<L\end{cases}$$

如果序列 $\{g(i)\}$ 中的每一个元素 $g(i)$ 的取值各不相同,则 N 个 $f(n-i)$ 可以直接分配给对应的 $a_{k=g(i)}^n$,执行式(4.3)不需要乘法.但是,如果序列 $g(i)$ 中的每一个元素 $g(i)$ 的取值都相同,则 N 个 $f(n-i)$ 需要经过累求和后再分配给某一个 $a_{k=g(i)}^n$,而其余的 $a_{k\neq g(i)}^n$ 均为 0,执行式(4.3)需要 $N-1$ 个加法.n_a 与 s 之间的关系可表达为 $n_a=N-s$.

2. 计算 n_c

当所有 S_k 都不为 $\varnothing$ 时,需要的加法数量 $n_m=3(L-2)+2$.但有一个 S_k 为 0 时,则可以不执行 $a=a+[a_k^n,a_k^n]$ 而减少 2 个加法,所以 n_m 与 s 之间的关系为

$$n_m=3(L-2)+2-2(L-s)=2s+L-4$$

可得 $n_c=N(n_a+n_m)=N(s+N+L-4)$,加法复杂度为 $O(N^2)$.n_c 的最大值可取

$$\max(n_c)=N(\min(N,L)+N+L-4)$$

同理,卷积的脉动阵列只需要加法器和寄存器,加法器的数量 n_c 为

$$n_c=n_a+n_m=s+N+L-4$$

3. 计算寄存器数量

设脉动阵列里模块 A 的寄存器数量为 l_a,模块 M 的寄存器数量为 l_m,定义函数 $U(x)=\lceil x/2\rceil$,其中"$\lceil\ \rceil$"表示向上取整.设置符号"$|S_k|$"是集合 S_k 中元素的个数,符号"%"是取模,则在模块 A 的每个子模块 A_k 中,计算一个 a_k^n 需要的寄存器数量为

$$|S_k|\%2+U(|S_k|)\%2+U(U(|S_k|))\%2+\cdots+\underbrace{U(U(\ \cdots\ U(|S_k|))}_{\lceil\log_2|S_k|\rceil-2})\%2$$

$$+T-\lceil\log_2|S_k|\rceil$$

整个模块 A 中寄存器的数量小于 $L\lceil \log_2 N \rceil$.

同时,根据 $l_m=(L-1)(L-2)+(L+1)$,整个脉动阵列中寄存器的数量为

$$l_a+l_m < L\lceil \log_2 N \rceil+(L-1)^2+2$$

则寄存器的复杂度为 $O(L^2)$.

4.5.3　算法复杂度比较

将 4.4.1 节的算法与现有算法比较,分别计算一个长度为 N 的线性卷积. 比较的对象为两个基于 FFT 的算法和一个基于 DA 的算法. 卷积算法的复杂度比较如表 4.1 所示. 为了更好地对包含复数操作的 FFT 算法进行比较,假设一个复数乘法相当于三个实数乘法和三个实数加法,"AND"操作相当于一个加法.

表 4.1　卷积算法的复杂度比较

方　　法	复　杂　度	
	乘　　法	加　　法
传统基于 FFT 的算法	$3N\log_2 N-8N+16$	$7N\log_2 N-10N+16$
文献[37]基于 FFT 的算法	$(3/2)N\log_2 N-(11/2)N+16$	$(7/2)N\log_2 N-(17/2)N+16$
文献[33]基于 DA 的算法	0	$(5N-2)R$
本章基于一阶矩的算法	0	$N(N+3L-4)$

两个基于 FFT 算法的加法复杂度与乘法复杂度都为 $O(N\log_2 N)$,小于本章算法的加法复杂度 $O(N^2)$,但是基于 FFT 的算法需要复杂的浮点乘法和浮点加法. 四种算法中基于 DA 的算法的计算复杂度最低,但一般需要地址解码器和 $O(2^N)$ 的海量存储器,计算过程复杂、不易实现. 虽然本章算法需要大量加法,但是具有以下的五个优点.

(1) 无乘法.

(2) 计算结构简单.

(3) 只使用整数的算术运算.

(4) 对卷积长度没有限制.

(5) 可使用简单的脉动阵列实现.

本章算法最大的缺点是具有较高加法复杂度. 但是在实际操作中,算法的效率不仅取决于计算的复杂度,还取决于计算结构的复杂度,而本章算法的计算结构简单,所以具有较高的效率. 为此,本节测试了使用本章算法、文献[37]基于 FFT 的算法、多项式变换算法在计算一个长度为 N 的卷积循环 10000 次时花费的时间. 各种算法在 VC++中编程实现,运行程序的计算机的 CPU 频率为 2.4 GHz. 图 4.9 显示了各算法执行时间随 N 变化的变化情况,由于基于一阶矩算法的执行时间还与取值范围 L 有关,本节测试了 L 取不同值的算法时间. 可知当 $N\geqslant 512$ 或 $N\leqslant 512$,且 $L\leqslant$

128 时,本章算法优于直接计算;当 $N \leqslant 512$ 或 $N \leqslant 1024$,且 $L \leqslant 32$ 时,本章算法优于基于 FFT 的算法和多项式变换算法.在数字图像处理领域 $L < 256$,所以本章算法在 $N \leqslant 512$ 的数字图像处理中具有较高效率.

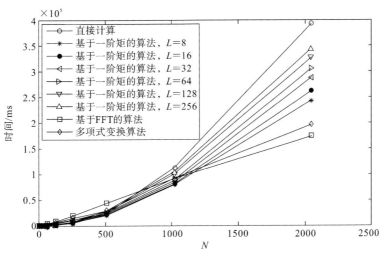

图 4.9 各算法执行时间随 N 的变化情况

4.5.4 硬件复杂度比较

由于本章提出的脉动阵列不涉及乘法器,所以将该阵列与其他也不采用乘法器的现有卷积计算结构进行比较.表 4.2 显示了文献[33]、文献[34]及本章三种硬件结构的资源和时间复杂度,其中正整数 P 是 N 的某一整除数.根据表 4.2 可知,对于 N 远大于 L 的长卷积,本章结构需要的加法器比文献[33]的结构要少,延时优于文献[34]的结构,而吞吐率位于两者之间.所以本章结构在 $L \leqslant 255$ 的数字信号和图像处理领域具有较高效率.

表 4.2 卷积计算结构的硬件和时间复杂度比较

复 杂 度	ROM	加 法 器	延 时	吞 吐 率
文献[33]中的结构	$(N-1)[2^{3(N-1)/7}]/2$	$2N$	$2\log_2 L$	$N/2\log_2 L$
文献[34]中的结构	$P2^{N/P}\log_2 L$	$(P+1)\log_2 L$	$P+\log_2 L$	1
本章提出的结构	0	$[3(L-1)-1, N+3(L-1)-2]$	$[2L, \log_2 N+2L]$	1

4.6 基于一阶矩的归一化相关算法和脉动阵列

相关算法与卷积具有基本相同的计算结构,两者的计算可以共享 4.4 节提出的一阶矩算法和脉动阵列,所以本章对一般形式相关的算法不再介绍,而是介绍相关中较为复杂的形式——归一化相关的一阶矩快速算法[38].

4.6.1 基于一阶矩的归一化相关公式

归一化相关可定义为

$$\rho(n) = \frac{\sum_{i=0}^{N-1}[f(n+i)-\overline{f}][g(i)-\overline{g}]}{\left\{\sum_{i=0}^{N-1}[f(n+i)-\overline{f}]^2\sum_{i=0}^{N-1}[g(i)-\overline{g}]^2\right\}^{\frac{1}{2}}} \tag{4.14}$$

其中:$\overline{f} = \dfrac{1}{N}\sum_{i=0}^{N-1}f(n+i)$;$\overline{g} = \dfrac{1}{N}\sum_{i=0}^{N-1}g(i)$.

根据 4.2 节,定义同样的 $L+1$ 个子集 $S_k(k=0,1,2,\cdots,L)$,将序列 $\{0,1,2,\cdots,N-1\}$ 划分为 $L+1$ 个部分,然后使用 S_k 定义一个新的序列 $\{a_k(n)\}$:

$$a_k(n) = \begin{cases} \sum_{i\in S_k}f(n+i), & S_k \neq \varnothing \\ 0, & \text{其他} \end{cases}, \quad k=0,1,2,\cdots,L \tag{4.15}$$

归一化相关的公式(式(4.14))可以转换为一阶矩的形式,即

$$\begin{aligned} \rho(n) &= \frac{\sum_{i=0}^{N-1}f(n+i)g(i) - \overline{g}\sum_{i=0}^{N-1}f(n+i) - \overline{f}\sum_{i=0}^{N-1}g(i) + N(\overline{f}\,\overline{g})}{\left\{\sum_{i=0}^{N-1}[f(n+i)^2 - 2f(n+i)\overline{f} + \overline{f}^2]\sum_{i=0}^{N-1}[g(i)-\overline{g}]^2\right\}^{\frac{1}{2}}} \\[2mm] &= \frac{\sum_{i=0}^{N-1}f(n+i)g(i) - N(\overline{f}\,\overline{g})}{\left\{\left\{\sum_{i=0}^{N-1}f(n+i)^2 - 2\sum_{i=0}^{N-1}f(n+i)\overline{f} + N\overline{f}^2\right\}\sum_{i=0}^{N-1}[g(i)-\overline{g}]^2\right\}^{\frac{1}{2}}} \\[2mm] &= \frac{\sum_{i=0}^{N-1}f(n+i)g(i) - \dfrac{1}{N}\sum_{i=0}^{N-1}f(n+i)\sum_{i=0}^{N-1}g(i)}{\left\{\left\{\sum_{i=0}^{N-1}f(n+i)^2 - \dfrac{1}{N}\left[\sum_{i=0}^{N-1}f(n+i)\right]^2\right\}\sum_{i=0}^{N-1}[g(i)-\overline{g}^2]\right\}^{\frac{1}{2}}} \end{aligned} \tag{4.16}$$

如果设置 $b(n) = \sum_{i=0}^{N-1}f(n+i)^2$,则有

$$\rho(n) = \frac{\sum_{k=1}^{L}a_k(n)k - \overline{g}\sum_{k=0}^{L}a_k(n)}{\left\{\left\{b(n) - \dfrac{1}{N}\left[\sum_{k=0}^{L}a_k(n)\right]^2\right\}\sum_{i=0}^{N-1}[g(i)-\overline{g}]^2\right\}^{\frac{1}{2}}} \tag{4.17}$$

该公式为计算归一化相关的一阶矩的表示方法,其中一阶矩 $\sum a_k(n)k$ 和零阶矩 $\sum a_k(n).b(n)$ 的获取可以通过以下简单方法实现:

$$b(n) = \sum_{i=0}^{N-1} f(n-1+i)^2 + \left[f(n+N-1)^2 - f(n-1)^2 \right]$$
$$= b(n-1) + \left[f(n+N-1) + f(n-1) \right] \left[f(n+N-1) - f(n-1) \right] \quad (4.18)$$

4.6.2　基于一阶矩的归一化相关算法

根据 4.6.1 节和 4.3.1 节,将一阶矩的快速算法代入式(4.17),可以得到单步计算归一化相关的计算过程,分为以下五步.

步骤(1):初始化所有的 $a_k(n) = 0$.

步骤(2):根据 $f(n-i)$ 和 $g(i)$ 计算序列 $\{a_k(n)\}$,需要 N 个加法.

步骤(3):通过式(4.8)计算 $\sum a_k(n)k$ 和 $\sum a_k(n)$,需要 $3(L-1)-1$ 个加法.

步骤(4):通过式(4.18)计算 $b(n)$,需要 1 个乘法、2 个加法和 1 个减法.

步骤(5):将 $\sum a_k(n)k$、$\sum a_k(n)$ 和 $b(n)$ 代入式(4.17)计算归一化相关,还需要 2 个减法、4 个乘法、1 个除法和 1 个开平方.

该算法流程如图 4.10 所示.

算法 4-2　Computing NCC(n, f, g, $b(n-1)$)

for each a_k in the sequence $\{a_k\}$:　$a_k \leftarrow 0$
for each　$i \in [0, N-1]$　do　　　　　　　　　// 式(4.3)
　$k \leftarrow g(i)$
　$a_k \leftarrow a_k + f(n+i)$
end for
for each　$k \in [1, L/2]$　do　　　　　　　　　//式(4.9)
　$s \leftarrow s + a_{2k-1}$
　$a_k \leftarrow a_{2k-1} + a_{2k}$
end for
$\mathbf{a} \leftarrow$ **Moment** ($a_{L/2}$, $a_{L/2-1}$, $\cdots$, a_2, a_1, a_0)　　//算法(式(4.1))
$\mathbf{a}[1] \leftarrow \mathbf{a}[1] \ll 1 - s$　　　　　　　　//式(4.10)
Compute $b(n)$ by $b(n-1)$, $f(n+N-1)$ and $f(n-1)$　//式(4.18)
Compute $\rho(n)$ by $\mathbf{a}[0]$, $\mathbf{a}[1]$ and $b(n)$　　// 式(4.17)
return $\rho(n)$

图 4.10　算法流程

4.6.3　基于一阶矩的归一化相关脉动阵列

采用图 4.5 的硬件结构执行归一化相关,图 4.11 显示了该相关脉动阵列的结构,主要包括三个方面:统计 $\{f(n+i)\}$ 并获得 $\{a_{2k+1}(n) + a_{2k}(n)\}$ 的模块 A;计算 $\{a_k(n)\}$ 一阶矩和零阶矩的模块 M;计算 $b(n)$ 的模块 S.在每个时钟周期内,向该阵列输入 N 个 $f(n+i)$ 并得到一个计算结果 $\rho(n)$.

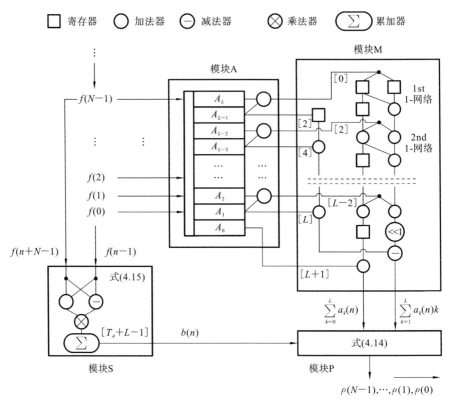

图 4.11 归一化相关脉动阵列

4.7 基于一阶矩的相关复杂度比较

由于相关和卷积共享计算结构,将本章提出的归一化相关算法,与直接计算、文献[39]中的快速归一化相关(NCC)算法、文献[29,40]中的基于 FFT 的卷积算法、文献[33]中的基于 DA 的卷积算法进行比较.相关的算法复杂度比较如表 4.3 所示.假设一次复数乘法等价三次实数加法和三次实数乘法,一次"与"操作和一次减法操作等价一次加法操作[41].

表 4.3 相关的算法复杂度比较

算 法	复 杂 度	
	乘 法	加 法
直接计算	$2N(N+1)$	$3N(N+1)$
基于 FFT 的算法[29,40]	$(3/2)N\log_2 N-(3/2)N+16$	$(7/2)N\log_2 N-N/2+15$
基于 DA 的算法[33]	$7N-1$	$(5N-2)\log_2 L+8N-1$
快速 NCC 算法[39]	0	$3N(N+1)$
本章算法	$6N-1$	$N(N+5L/2+5)-4$

从表 4.3 可知,基于 FFT 的算法的乘法和加法复杂度均为 $O(N\log_2 N)$,基于 DA 的算法的加法复杂度最低,而快速 NCC 算法的乘法数为 0.本章算法需要 $O(N^2)$ 个加法,远大于基于 FFT 和基于 DA 的算法,需要 $O(N)$ 个乘法,也远大于快速 NCC 算法.图 4.12 显示了表 4.3 中后 4 种算法的加法和乘法复杂度随相关长度 N 变化

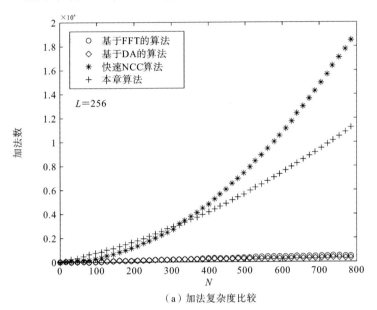

（a）加法复杂度比较

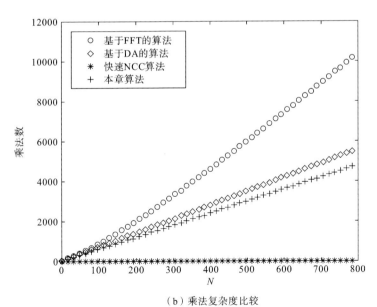

（b）乘法复杂度比较

图 4.12　四种归一化相关算法的加法和乘法数量

的情况.可知本章算法的加法和乘法复杂度小于基于 FFT 和基于 DA 的算法、加法复杂度在 $N>320$ 的情况下也小于快速 NCC 算法.另外,本章算法还具有结构简单、易于理解和实现等特点,因此在很多情况下具有较高效率.

由于归一化相关已经在无限通信上得到了广泛应用,我们在华为手机上将本章算法与其他算法进行了比较.图 4.13 显示了使用五种算法执行长度为 N 的循环归一化相关的时间.可知在相关长度 N 从 100 增长到 6000 的过程中,基于 FFT 的算法执行时间类似于一条阶梯曲线,这是由于基于 FFT 的算法需要将相关的长度扩展到 $2^{\lceil \log_2 N \rceil}$ 才能够执行蝶形运算[40].基于 DA 的算法需要的时间最短,但是需要海量的寄存器,所以成本很高[33].本章算法的执行时间与快速 NCC 算法的执行时间接近,但本章算法克服了计算噪声的干扰,在 $N<5500$ 时小于基于 FFT 的算法.

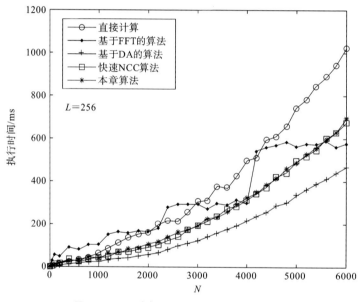

图 4.13　五种归一化相关算法的执行时间

将提出的归一化相关计算结构与文献[33]、文献[42]中的相关计算结构进行比较.表 4.4 显示了三种结构在计算长度为 N 的归一化相关时需要的计算复杂度,其中 $N=PM$(P 和 M 是对 N 的正整数分解).由于本章结构的加法器和寄存器数量不固定而是取决于相关核 $\{g(i)\}$ 的数据分布,所以表 4.4 只给出了加法器和寄存器数量的范围.假设模块 P 的执行时间为 3 个时钟周期.

本章脉动阵列的优点是没有 ROM,而其他的两种结构均需要 $O(2^N)$ 的 ROM,文献[33]的结构需要 $O(P)$ 的加法器,且延时会随着 N 的增加而快速增加.对于一个 N 和 P 远大于 L 的长相关或二维相关,本章结构的加法少于文献[33]的结构,延时小于文献[42]的结构.图 4.14 显示了三种结构的加法和延时随相关长度 N 变化而变

表 4.4　归一化相关的硬件复杂度比较

复杂度	ROM	加法器	延时	吞吐率
文献[33]的结构	$(N-1)\left[2^{3(N-1)/7}\right]/2$	$2N$	$2\log_2 L$	$N/2\log_2 L$
文献[42]的结构	$2^M P\log_2 L$	$(P+1)\log_2 L$	$P+\log_2 L$	1
本章结构	0	$[2L-2,\ 2L+N-3]$	$[L+5,\ \log_2 N+L+5]$	1

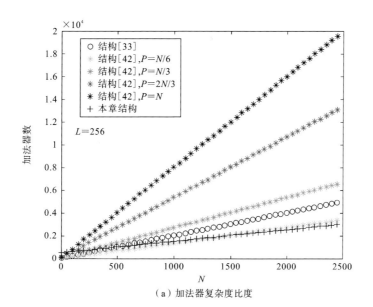

（a）加法器复杂度比度

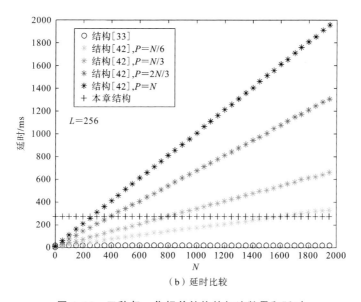

（b）延时比较

图 4.14　三种归一化相关结构的加法数量和延时

化的情况,其中本章结构选用了最多加法数量与延时进行比较.可知当 $N<1800$ 时,本章结构的加法数量最少;当 $N>1500$ 时,本章结构的延时小于文献[42]的结构.因此,虽然本章结构需要额外的 $O(L)$ 个寄存器执行数据存储和传递,但是在 $L<256$ 的数字和图像处理领域具有更高的效率.

4.8　本 章 小 结

　　本章提出了一种基于一阶矩的算法来执行任意长度的卷积、相关和归一化相关.该算法首先将卷积、相关中的内积操作转换为一阶矩的形式,然后采用一阶矩的无乘法快速算法来计算该一阶矩,从而实现卷积等的无乘法计算.由于一阶矩算法可以使用脉动阵列实现,本章还设计了针对卷积、相关和归一化相关的脉动阵列结构.本章算法和脉动阵列具有资源消耗少、实现简单、易于理解等优点.

第 5 章 基于一阶矩的循环卷积算法及其硬件实现

循环卷积是数字信号处理中的基本运算.为提高其运算性能,研究者们针对不同的应用需求提出了大量快速循环卷积算法和有效的硬件结构.其中基于快速变换的循环卷积快速算法[43-53]由于理论复杂且对卷积长度有限制,整个计算过程映射到底层的硬件电路结构时需要用到资源消耗大、功耗高的乘法器,对于一般长度的循环卷积运算,其有效性不高.而直接对运算进行优化,仅用加法器和寄存器构建的循环卷积结构[54-59]无通用性,利用存储器和加法器实现乘法操作的循环卷积结构[60-64]和基于 DA 的循环卷积结构[33-34,65-66]对硬件资源的需求量较大.

第 4 章提出的基于一阶矩的快速卷积算法对卷积长度无限制,避免了乘法运算;相应的硬件结构简单、可扩展性强,无乘法器和存储器的需求,适合在大规模集成电路上实现.然而,由于算法所需的加法次数与卷积核元素的具体数值有关,且随卷积核元素的位宽呈 2 的幂次方增长,这对于数据宽度通常为 8 位甚至 16 位的情况而言,计算量非常大.另外,将卷积转化成一阶矩形式的一阶矩转化模块需要根据特定的卷积核序列来设计,无通用性;一阶矩并行计算结构存在计算冗余,且所需加法器的数量和输入-输出延迟随卷积核元素的位宽呈 2 的幂次方增长的问题.

基于第 4 章以快速一阶矩算法实现卷积运算的思路,本章提出了基于一阶矩的快速循环卷积算法及其硬件结构.新算法和硬件结构试图保留快速一阶矩算法在卷积运算中的优点,并且着力于解决在常用数据位宽下算法加法运算量大、硬件结构无通用性、所需加法器数量多和输入-输出延迟长等问题.

5.1 基于一阶矩的快速循环卷积算法

5.1.1 基于快速一阶矩算法的循环卷积

在数字信号处理中,长度为 N 的循环卷积通常被定义为

$$y(k) = \sum_{n=0}^{N-1} h(n)x(k-n)_N, \quad k = 0,1,\cdots,N-1 \tag{5.1}$$

式中:两个长度为 N 的序列 $\{h(n),n=0,1,\cdots,N-1\}$ 和 $\{x(n),n=0,1,\cdots,N-1\}$ 分别被设定为数值相对固定的卷积核序列与数值随时间点变化的输入数据序列,$(k-n)_N$ 表示以 N 为模对 $k-n$ 求余.

若考虑运算的普遍适用性,则把每个卷积核元素 $h(n)$ 设定成数据位宽为 L 的定点二进制小数,并用补码的形式表示,那么忽略其小数点位置,式(5.1)中的 $y(k)$ 可表示为

$$y(k) = \sum_{n=0}^{N-1} \Big[\sum_{l=0}^{L-2} 2^l h(n)[l] + (2^{L-1} \overline{h(n)[L-1]} - 2^{L-1}) \Big] x(k-n)_N \quad (5.2)$$

式中:$h(n)[l]$ 表示 $h(n)$ 的第 l 位,$\overline{h(n)[L-1]}$ 表示对 $h(n)[L-1]$ 取反,即当 $h(n)[L-1]=0$ 时,$\overline{h(n)[L-1]}=1$;反之,若 $h(n)[L-1]=1$,则 $\overline{h(n)[L-1]}=0$. 将 $h(n)$ 的最高位取反后形成的新元素定义为 $h'(n)$,则有

$$h'(n) = \sum_{l=0}^{L-2} 2^l h(n)[l] + 2^{L-1} \overline{h(n)[L-1]}, \quad n = 0,1,\cdots,N-1 \quad (5.3)$$

$$y(k) = \sum_{n=0}^{N-1} h'(n) x(k-n)_N - 2^{L-1} \sum_{n=0}^{N-1} x(k-n)_N, \quad k = 0,1,\cdots,N-1 \quad (5.4)$$

由式(5.4)可知,求解循环卷积 $\{y(k),k=0,1,\cdots,N-1\}$ 主要有两部分的工作:前一部分是计算一个以 $\{h'(n),n=0,1,\cdots,N-1\}$ 为卷积核的循环卷积,可定义为 $\{y'(k),k=0,1,\cdots,N-1\}$;后一部分是对输入数据序列的所有元素求和. 由于后一部分运算与 k 无关,输入数据序列对相同的 N 点只需计算一次,因此研究前一部分运算的快速算法成为重点.

为了后续讨论的简便,本章将参与运算的每个元素设定为无符号的整型数据. 如此一来,每个卷积核元素 $h(n)$ 的取值范围变成了 $0 \sim 2^L-1$ 的所有整数. 根据每个卷积核元素的数值大小,可以将卷积核序列的序列号集合 $S=\{0,1,\cdots,N-1\}$ 划分成 2^L 个子集,且非空子集互不相交,即

$$S_i = \{n | h(n)=i, n=0,1,\cdots,N-1\}, \quad i = 0,1,\cdots,2^L-1 \quad (5.5)$$

对于给定的 k,将满足 $h(n)=i$ 的 n 对应的输入数据 $x(k-n)_N$ 相加,得到新的序列 $\{a_i(k),i=0,1,\cdots,2^L-1\}$,其中 $a_i(k)$ 定义为

$$a_i(k) = \begin{cases} \sum_{n \in S_i} x(k-n)_N, & S_i \neq \varnothing \\ 0, & S_i = \varnothing \end{cases} \quad (5.6)$$

若用 i 替换 $h(n)$,并将 $a_i(k)$ 代入式(5.1),则有

$$y(k) = \sum_{i=0}^{2^L-1} \sum_{n \in S_i} i x(k-n)_N = \sum_{i=1}^{2^L-1} i a_i(k), \quad k = 0,1,\cdots,N-1 \quad (5.7)$$

显然,通过以上操作,已经把循环卷积转化成了一阶矩的形式. 由于获取 $\{a_i(k), i=0,1,\cdots,2^L-1\}$ 所需的加法次数与具体的卷积核数值相关,当卷积核中没有相同的元素时,这一过程不需要加法操作;当卷积核中所有元素为同一数值时,这一过程所需的加法次数最多,可达到 $N-1$ 次.

在转化成一阶矩的形式后,式(5.7)中的 $y(k)$ 可以采用快速一阶矩算法来计算.

为此,需要定义一个中间序列 $\{c_i(k),i=1,2,\cdots,2^L-1\}$,其中

$$c_i(k)=\begin{cases} a_i(k), & i=2^L-1 \\ c_{i+1}(k)+a_i(k), & i=1,2,\cdots,2^L-2 \end{cases} \qquad (5.8)$$

最后,将 $\{c_i(k),i=1,2,\cdots,2^L-1\}$ 代入式(5.7),可得

$$y(k)=\sum_{i=1}^{2^L-1}c_i(k), \quad k=0,1,\cdots,N-1 \qquad (5.9)$$

以上基于快速一阶矩算法实现的循环卷积,先将循环卷积转化成一阶矩的形式,再采用快速一阶矩算法完成后续计算,大大提高了循环卷积运算的计算效率.

5.1.2　卷积核分解策略

由前面章节对快速一阶矩算法的计算复杂度分析可知,若直接采用快速一阶矩算法计算循环卷积,则其加法复杂度将随卷积核元素的位宽呈 2 的幂次方增长,当位宽较小时,尚且能有效地实现循环卷积运算.然而,实际应用中,卷积核元素的位宽通常被设置为 8、16,甚至更大,此时完成循环卷积运算需要大量的加法操作.为此,本节提出了一个卷积核分解策略.

假定卷积核元素的位宽 L 可表示为正整数 M 和 t 的乘积,卷积核分解策略即是对用二进制形式表示的每个元素 $h(n)$ 进行如图 5.1 所示的比特拆分.图 5.1 中每个小方块代表一个比特位,$h_m(n)(m\in\{0,1,\cdots,M-1\})$ 代表由 $h(n)$ 的第 mt 位到第 $mt+t-1$ 位形成的一个子卷积核元素.

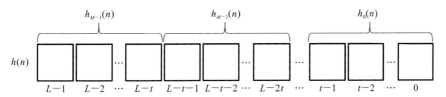

图 5.1　$h(n)$ 的分解示意图

运用卷积核分解策略后,对于 $m\in\{0,1,\cdots,M-1\}$,可将 $\{h(n),n=0,1,\cdots,N-1\}$ 中的所有 $h_m(n)$ 取出来组成子卷积核序列 $\{h_m(n),n=0,1,\cdots,N-1\}$.该子卷积核序列与原输入数据序列构成的循环卷积为一个子循环卷积.对于每个子循环卷积,可根据 5.1.1 节中的方法,将其转化为一阶矩的形式,并采用快速一阶矩算法计算,即有

$$y_m(k)=\sum_{i=0}^{2^t-1}\sum_{n\in S_i}ix(k-n)_N=\sum_{i=1}^{2^t-1}ia_{m\_i}(k)=\sum_{i=1}^{2^t-1}c_{m\_i}(k) \qquad (5.10)$$

其中:$a_{m\_i}(k)$ 和 $c_{m\_i}(k)$ 分别对应式(5.6)中的 $a_i(k)$ 和式(5.8)中的 $c_i(k)$.

得到所有的子循环卷积结果后,将 $y_m(k)$ 左移 mt 位并累加,即可得到最终的循

环卷积结果

$$y(k) = 2^{(M-1)t} \sum_{n=0}^{N-1} h_{M-1}(n)x(k-n)_N + 2^{(M-2)t} \sum_{n=0}^{N-1} h_{M-2}(n)x(k-n)_N + \cdots$$

$$+ 2^t \sum_{n=0}^{N-1} h_1(n)x(k-n)_N + \sum_{n=0}^{N-1} h_0(n)x(k-n)_N$$

$$= 2^{(M-1)t} y_{M-1}(k) + 2^{(M-2)t} y_{M-2}(k) + \cdots + 2^t y_1(k) + y_0(k) \qquad (5.11)$$

假设 $N=6$、$L=8$，分解因子 M 和 t 分别被设定为 4 和 2，图 5.2 中展示了对具体的卷积核序列 $\{h(n), n=0,1,\cdots,5\} = \{203,115,255,210,13,87\}$ 实施分解策略所得到的四个子卷积核序列，其中每个序列的元素数值显示在黑色矩形框中，元素序列号显示在矩形框的正下方. 灰色矩形框中显示的数值是正上方卷积核元素值所对应的二进制表示形式. 根据图 5.2 中的信息，可将子卷积结果表示为

$$\begin{cases} y_3(k) = 3x(k)_6 + x(k-1)_6 + 3x(k-2)_6 + 3x(k-3)_6 + x(k-5)_6 \\ y_2(k) = 3x(k-1)_6 + 3x(k-2)_6 + x(k-3)_6 + x(k-5)_6 \\ y_1(k) = 2x(k)_6 + 3x(k-2)_6 + 3x(k-4)_6 + x(k-5)_6 \\ y_0(k) = 3x(k)_6 + 3x(k-1)_6 + 3x(k-2)_6 + 2x(k-3)_6 + x(k-4)_6 + 3x(k-5)_6 \end{cases}$$

$h(n)$	203	115	255	210	13	87
二进制形式	11001011	01110011	11111111	11010010	00001101	01010111
$n=$	0	1	2	3	4	5
$h_3(n)$	3	1	3	3	0	1
$n=$	0	1	2	3	4	5
$h_2(n)$	0	3	3	1	0	1
$n=$	0	1	2	3	4	5
$h_1(n)$	2	0	3	0	3	1
$n=$	0	1	2	3	4	5
$h_0(n)$	3	3	3	2	1	3
$n=$	0	1	2	3	4	5

图 5.2 对 $\{h(n), n=0,1,\cdots,5\} = \{203,115,255,210,13,87\}$ 实施分解策略的示意图

根据式 (5.11) 可推测出最终的循环卷积结果表达式为

$$y(k) = 2^6 y_3(k) + 2^4 y_2(k) + 2^2 y_1(k) + y_0(k)$$

$$= (64 \times 3 + 4 \times 2 + 3) \times x(k)_6 + (64 + 16 \times 3 + 3) \times x(k-1)_6$$

$$+ (64 \times 3 + 16 \times 3 + 4 \times 3 + 3) \times x(k-2)_6$$

$$+ (64 \times 3 + 16 + 2) \times x(k-3)_6 + (4 \times 3 + 1) \times x(k-4)_6$$

$$+ (64 + 16 + 4 + 3) \times x(k-5)_6$$

$$= 203x(k)_6 + 115x(k-1)_6 + 255x(k-2)_6$$

$$+210x(k-3)_6+13x(k-4)_6+87x(k-5)_6$$

以上利用卷积核分解策略进行的实例推导从理论上证明了卷积核分解策略的正确性.

5.1.3　算法复杂度分析

对于长度为 N、数据位宽为 L 的循环卷积,若直接计算,则单个循环卷积结果需要的运算量为 N 次乘法操作和 $N-1$ 次加法操作.若只利用 5.1.1 节中的方法,不采用卷积核分解策略,则相当于利用第 4 章中提出的基于一阶矩的快速卷积算法,为得到循环卷积的一个结果 $y(k)(k\in\{0,1,\cdots,N-1\})$,在获得新序列 $\{a_i(k),i=0,1,\cdots,2^L-1\}$ 之后该方法需要先进行 2^L-2 次加法操作获取中间序列 $\{c_i(k),i=1,2,\cdots,2^L-1\}$,再用 2^L-2 次加法操作将所有元素相加.若不考虑一阶矩转化过程所需的计算量,运用该方法计算循环卷积的单个结果需要 $2(2^L-2)$ 次加法操作.由于一阶矩转化过程所需的计算量与具体的卷积核序列数值相关,运用该方法计算循环卷积的 N 个结果至少需要 $2N(2^L-2)$ 次加法操作,最多需要 $2N(2^L-2)+N(N-1)$ 次加法操作.

本章提出的方法在第 4 章方法的基础上利用卷积核分解策略.由于子卷积核序列中 $h_m(n)$ 的取值范围为 $0\sim2^t-1$ 的整数,在获得由 $\{h_m(n),n=0,1,\cdots,N-1\}$ 作为参考信息对原始输入数据序列进行统计合并处理得到的 $\{a_{m_i}(k),i=0,1,\cdots,2^t-1\}$ 之后,$y_m(k)$ 的计算需要 $2(2^t-2)$ 次加法操作.最终还需 $M-1$ 次加法操作和 $M-1$ 次左移操作将所有 $y_m(k)$ 移位累加得到 $y(k)$.若不考虑一阶矩转化过程所需的计算量,利用本章方法计算单个循环卷积结果需要 $2M(2^t-2)+M-1$ 次加法操作与 $M-1$ 次左移操作.由于在每个子循环卷积的计算中同样涉及一阶矩的转化,本章方法计算循环卷积的 N 个结果至少需要 $2MN(2^t-2)+N(M-1)$ 次加法操作,最多需要 $2MN(2^t-2)+N(M-1)+MN(N-1)$ 次加法操作.表 5.1 中展示了以上每种循环卷积算法的总运算量.

表 5.1　循环卷积算法的复杂度对比

方　　　法	乘法次数	加　法　次　数	移位次数
直接计算	N^2	$N(N-1)$	0
第 4 章方法	0	$[2N(2^L-2),2N(2^L-2)+N(N-1)]$	0
本章方法	0	$[2MN(2^t-2)+N(M-1),$ $2MN(2^t-2)+N(M-1)+MN(N-1)]$	$N(M-1)$

为了更直观、具体地对比以上三种算法的总运算量,假设数据位宽为 L,直接计算循环卷积的一次乘法操作可折算成 L 次加法操作的运算量.对于其他两种基于一

阶矩的方法,可将一阶矩转化过程中所需的加法操作次数取一个靠中间的值.这里将每次一阶矩转化过程所需的加法操作次数定为 $N/2$.由于移位运算不需要额外的硬件资源,可忽略不计.图 5.3 中展示了在 $L=8$ 时以上三种算法的总运算量随循环卷积长度 N 变化的变化情况.

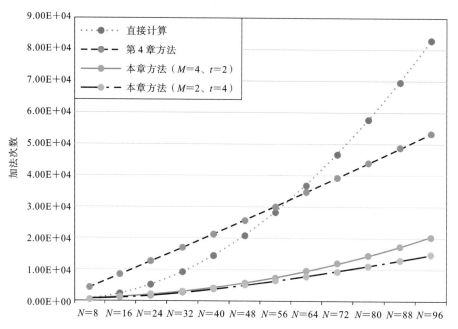

图5.3　循环卷积算法在多种卷积长度下所需的加法次数($L=8$)

当 $L=8$ 时,本章方法有两种分解模式,即 $M=2$、$t=4$ 和 $M=4$、$t=2$.在数据位宽固定的前提下,随着 N 的增大,直接计算循环卷积的总运算量迅速增长,第 4 章方法的总运算量和本章方法在两种分解模式下所需的运算量平稳增长.不过第 4 章方法在数据位宽为 8 时所需的运算量基数较大,这也说明该方法在位宽稍大的情况下有效性差.当 N 较小($N<16$)时,采用本章方法与直接计算的运算量相差不大.但当 $N>16$ 时,随着 N 的增大,本章方法的优势越来越明显.

为了进一步观察以上三种方法的总运算量随数据位宽 L 变化的变化情况,这里选定循环卷积长度 $N=64$,从图 5.3 中可以看到在 $L=8$ 时,本章方法更适合采用 $M=2$、$t=4$ 的分解模式,因此这里将 t 固定为 4.表 5.2 中展示了在 $L=4,8,16,24$,32 时以上三种算法的总运算量.

当 $L=4$ 时,本章方法与第 4 章方法一致,具有最少的运算量.但随着 L 的增大,第 4 章方法的总运算量迅速增加,当数据位宽为 16 甚至更大时,该方法显然不实用.本章方法由于采用了固定子循环卷积位宽 t 的分解模式,总运算量随数据位宽的增大缓慢增加,且由于运算量基数较小,总的运算量最少.

表 5.2　循环卷积算法在多种数据位宽下所需的加法次数($N=64$)

	$L=4$	$L=8$	$L=16$	$L=24$	$L=32$
直接计算	20416	36800	69568	102336	135104
第 4 章方法	3840	34560	8390400	$\approx 2.1475\times10^{9}$	$\approx 5.4976\times10^{11}$
本章方法($t=4$)	3840	7744	15552	23360	31168

综上所述,本章中结合卷积核分解策略提出的基于一阶矩的快速循环卷积算法具有较低的运算复杂度,具备快速实现的可能性.

5.2　基于一阶矩的循环卷积硬件结构设计

考虑到多种数字信号处理运算均可转化成循环卷积的形式,本节以基于一阶矩的快速循环卷积算法为理论依据,为使设计的循环卷积硬件结构具有通用性,首先提出了一个子卷积核预处理方案. 其次,利用循环卷积运算本身具有的并行化处理特性,提出了一个子循环卷积的并行化实现方案. 再次,结合提出的两个设计方案,提出了一个适合于硬件实现的子循环卷积结构. 最后,以子循环卷积结构作为核心模块,构建了两种新的通用型循环卷积硬件结构.

5.2.1　子卷积核预处理方案

根据 5.1 节的推导,在利用快速一阶矩算法计算 $y_m(k)$ 前,需要根据相应的子卷积核对输入数据序列进行统计合并处理,获得 $\{a_{m\_i}(k),i=0,1,\cdots,2^t-1\}$. 在第 4 章中,这一过程相当于将卷积运算转化成一阶矩的形式,对应的一阶矩转化模块依赖于特定的卷积核序列,不具有通用性. 事实上,由于子卷积核序列会随不同的应用需求改变数值,这导致 $a_{m\_i}(k)$ 有可能为 0、单个输入数据,或若干个输入数据之和,很难设计出一个通用且高效的硬件结构来获得 $\{a_{m\_i}(k),i=0,1,\cdots,2^t-1\}$.

本节考虑对 $\{h_m(n),n=0,1,\cdots,N-1\}$ 进行简单的预处理,获得一些关键信息,再利用这些信息作为控制信号,将 $a_{m\_i}(k)$ 的计算合并到一阶矩串行计算结构中. 当 $a_{m\_i}(k)$ 为 0 时,$c_{m\_i+1}(k)=c_{m\_i}(k)$,一阶矩计算中可以省去一次加法操作.

图 5.4 展示了对实例 $\{h_m(n)\}=\{2,1,3,0,1,1,3,2\}$ 进行预处理时产生的新数据序列及各数据序列之间的关系,其中每个数据序列的元素数值显示在矩形框中,元素序列号显示在矩形框的正下方. 根据图 5.4 中的实例展示,可总结出预处理包含以下四个步骤.

(1) 将 $\{h_m(n),n=0,1,\cdots,N-1\}$ 中的元素按照从小到大的顺序重新排列,形成第一个新数据序列 $\{h_m(n'),n'=0,1,\cdots,N-1\}$.

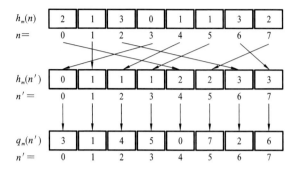

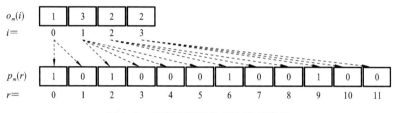

图 5.4 子卷积核预处理方案示意图

（2）将 $h_m(n)$ 的序列号赋值给 $q_m(n')$，其中 $h_m(n')$ 的数值与 $h_m(n)$ 相对应，$h_m(n')$ 的序列号与 $q_m(n')$ 的序列号相对应，$\{q_m(n'),n'=0,1,\cdots,N-1\}$ 即为得到的第二个新数据序列.

（3）将 $\{h_m(n'),n'=0,1,\cdots,N-1\}$ 中数值为 i 的元素的个数赋值给 $o_m(i)$，$\{o_m(i),i=0,1,\cdots,2^t-1\}$ 即为得到的第三个新数据序列.

（4）将每个 $o_m(i)$ 扩展成一个由 1 个"1"和 $o_m(i)$ 个"0"组成的子序列,再将这些子序列按照 i 从小到大的顺序合并,形成第四个新数据序列 $\{p_m(r),r=0,1,\cdots,N+2^t-1\}$.

根据 $\{h_m(n)\}=\{2,1,3,0,1,1,3,2\}$ 与四个新数据序列之间的关系,可将 $y_m(k)$ 表示为

$$y_m(k)=\sum_{i=0}^{2^t-1}ia_{m\_i}(k)=0\times[x(n-q_m(0))_N+\cdots+x(n-q_m(o_m(0)-1))_N]$$
$$+1\times[x(n-q_m(o_m(0)))_N+\cdots+x(n-q_m(o_m(0)+o_m(1)-1))_N]+\cdots$$
$$+(2^t-1)\times[x(n-q_m(o_m(0)+\cdots+o_m(2^t-2)))_N+\cdots$$
$$+x(n-q_m(o_m(0)+\cdots+o_m(2^t-1)-1))_N]\tag{5.12}$$

若 $o_m(i)=0$,表示 $\{h_m(n),n=0,1,\cdots,N-1\}$ 中没有数值为 i 的元素,此时 $a_{m\_i}(k)=0$,即 $x(n-q_m(o_m(0)+\cdots+o_m(i-1)))_N+\cdots+x(n-q_m(o_m(0)+\cdots+o_m(i)-1))_N$ 为 0. 若 $o_m(i)=1$,则表示 $\{h_m(n),n=0,1,\cdots,N-1\}$ 中只有一个数值为 i 的元素,对应的 $a_{m\_i}(k)$ 只由一个输入数据元素构成,且有 $a_{m\_i}(k)=x(n-q_m(o_m(0)+\cdots+o_m(i$

$-1)))_N$. 只有当 $o_m(i) > 1$ 时，需要额外的 $o_m(i) - 1$ 次加法操作获得 $a_{m\_i}(k)$.

由式 (5.8) 可知，$\{c_{m\_i}(k), i = 0, 1, \cdots, 2^t - 1\}$ 是由 $a_{m\_i}(k)$ 按照 i 递减的顺序不断迭代累加新的 $a_{m\_i}(k)$ 得到的，而 $a_{m\_i}(k)$ 本身是输入数据序列中的部分元素之和或 0，且每个输入数据元素有且仅有一次机会被用于构建某个 $a_{m\_i}(k)$. 当 i 递减为 0 时，$c_{m\_0}(k)$ 即为输入数据序列中所有元素之和. 因此，可将输入数据序列中的元素直接作为一个一阶矩串行计算结构的连续输入，将上述预处理方案获得的 $\{q_m(n'), n' = 0, 1, \cdots, N-1\}$ 作为一组控制信号，选择相应的输入数据元素. 随后，以 $\{p_m(r), r = 0, 1, \cdots, N + 2^t - 1\}$ 作为另一组控制信号，控制一阶矩串行计算结构进行相应的累加操作，将获取 $\{a_{m\_i}(k), i = 0, 1, \cdots, 2^t - 1\}$、$\{c_{m\_i}(k), i = 0, 1, \cdots, 2^t - 1\}$ 和计算 $y_m(k)$ 的操作并入同一个一阶矩串行计算结构中.

5.2.2　子循环卷积并行化实现方案

由循环卷积的定义式可知，计算 N 点循环卷积的 N 个结果所需的卷积核和输入数据序列完全相同，不同之处在于输入数据序列之间存在循环移位. 利用这一特性，可同时计算子循环卷积的 N 个结果，以便最大限度地节省输入模块的硬件资源并获得较高的整体计算性能.

为了便于描述这一并行化实现方案，可先将子循环卷积用矩阵形式表示为

$$
\begin{bmatrix} y_m(0) \\ y_m(1) \\ \vdots \\ y_m(N-1) \end{bmatrix} = \begin{bmatrix} x(0) & x(N-1) & \cdots & x(1) \\ x(1) & x(0) & \cdots & x(2) \\ \vdots & \vdots & & \vdots \\ x(N-1) & x(N-2) & \cdots & x(0) \end{bmatrix} \begin{bmatrix} h_m(0) \\ h_m(1) \\ \vdots \\ h_m(N-1) \end{bmatrix} \tag{5.13}
$$

由矩阵的基本运算法则可知，式 (5.13) 中的 $h_m(n)$ 只需与 $N \times N$ 的矩阵 $\boldsymbol{X}$ 的第 n 列元素相乘，第 n 列元素由第 0 列元素循环向下移动 n 个元素得到. 为保持计算的准确性，若将 $h_m(n)$ 中的 n 用 $q_m(n')$ 替代，则与之相乘的第 n 列元素可由原矩阵 $\boldsymbol{X}$ 中第 0 列元素循环向下移动 $q_m(n')$ 个元素得到. 若用 $X(:0)$ 代表矩阵 $\boldsymbol{X}$ 的第 0 列元素，用 $\text{CDS\_}X(:0)_n$ 表示将 $\boldsymbol{X}$ 中的第 0 列元素循环向下移动 n 个元素得到的数据序列，对于 $\boldsymbol{Y}_m = [y_m(0), y_m(1), \cdots, y_m(N-1)]^{\mathrm{T}}$ $(m \in \{0, 1, \cdots, M-1\})$，可将其表示为

$$
\boldsymbol{Y}_m = h_m(q_m(0))\text{CDS\_}X(:0)_{q_m(0)} + h_m(q_m(1))\text{CDS\_}X(:0)_{q_m(1)} + \cdots
$$
$$
+ h_m(q_m(N-1))\text{CDS\_}X(:0)_{q_m(N-1)} \tag{5.14}
$$

参照式 (5.12)，将 $q_m(n')$ 中的序列号用 $\{o_m(i), i = 0, 1, \cdots, 2^t - 1\}$ 取代，则有

$$
\boldsymbol{Y}_m = \sum_{i=0}^{2^t - 1} i \boldsymbol{A}_{m\_i}
$$
$$
= 0 \times \left[\text{CDS\_}X(:0)_{q_m(0)} + \cdots + \text{CDS\_}X(:0)_{q_m(o_m(0)-1)} \right]
$$
$$
+ 1 \times \left[\text{CDS\_}X(:0)_{q_m(o_m(0))} + \cdots + \text{CDS\_}X(:0)_{q_m(o_m(0)+o_m(1)-1)} \right] + \cdots
$$
$$
+ (2^t - 1) \times \left[\text{CDS\_}X(:0)_{q_m(o_m(0)+o_m(1)+\cdots+o_m(2^t-2))} + \cdots \right.
$$

$$+ \text{CDS\_X}(:,0)_{q_m(o_m(0)+o_m(1)+\cdots+o_m(2^t-1)-1)}\big]$$ (5.15)

式中：$\bm{A}_{m\_i}=[a_{m\_i}(0),a_{m\_i}(1),\cdots,a_{m\_i}(N-1)]^{\mathrm{T}}$；若 $o_m(i)=0$，则 $\bm{A}_{m\_i}=\bm{0}$.

5.2.3　子循环卷积结构

根据以上的子卷积核预处理方案和子循环卷积并行化实现方案,本节利用一阶矩串行计算结构作为基本计算单元,提出了一个用于计算 Y_m 的子循环卷积结构(Substructure),如图 5.5 所示.该硬件结构主要由左侧的控制模块(CM)、右侧上方的比特并行-字并行转换器(BPWPC)、右侧中间部分的循环右移寄存器组(CRRG)和右侧下方的 N 个基本累加单元(AU)构成.

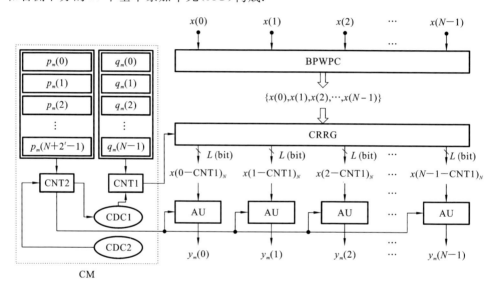

图 5.5　计算 Y_m 的并行子结构示意图

CM 中含有两组存储单元,用于存储子卷积核 $\{h_m(n),n=0,1,\cdots,N-1\}$ 经预处理后得到的两组控制信号序列 $\{q_m(n'),n'=0,1,\cdots,N-1\}$ 和 $\{p_m(r),r=0,1,\cdots,N+2^t-1\}$,每个存储单元的地址与其对应的元素序列号相同.在开始计算的第一个时钟周期,CM 中的两个递减器 CDC1 和 CDC2 分别被初始化为对应存储单元组的最大地址值 $N-1$ 和 $N+2^t-1$.同时,输入数据序列的 N 个元素按元素序列号 n 从小到大的顺序从左至右排列,且一同输入 BPWPC 中组成一个 $N\times L$ 位的复合元素,即 $\{x(0),x(1),x(2),\cdots,x(N-1)\}$.在接下来的计算过程中,随着时钟周期数的递增,CDC2 不断递减,寄存器 CNT1 和 CNT2 在每个时钟周期分别被更新为以 CDC1 和 CDC2 为地址取得的控制信号 $q_m(\text{CDC1})$ 和 $p_m(\text{CDC2})$.

只有当 CNT2 中为 0 时,CDC1 才递减一次.这是因为该硬件结构已经把 $\bm{A}_{m\_i}$ 的计算合并到 $\bm{C}_{m\_i}$ 的计算中.当 CNT2 为 0 时,当前正处在累加相应的输入元素序列

$CDS\_X(:0)_{CNT1}$、获得一组 A_{m_i} 和 C_{m_i} 的过程中. 此时,需要 CDC1 自减一次,及时更新待输入的元素序列号. 当 CNT2 为 1 时,表示上一个时钟周期结束后已经得到一组新的 C_{m_i},在当前时钟周期进行的操作是将 C_{m_i} 累加一次. 由于该操作与输入元素无关,因此 CDC1 不会有任何操作. 当 CNT2 连续 $u(u>1)$ 个时钟周期为 1 时,$\{h_m(n),n=0,1,\cdots,N-1\}$ 中没有数值为 $i-1,i-2,\cdots,i-u+1$ 的元素,相应地,有 $A_{m\_i-1}=A_{m\_i-2}=\cdots=A_{m\_i-u+1}=\mathbf{0},C_{m\_i-u+1}=\cdots=C_{m\_i-1}=\mathbf{C}_{m\_i}$. 此时只需要在每个周期将 $\mathbf{C}_{m\_i}$ 累加一次. CM 的电路功能可用下面的代码表述.

```
Initialize: CDC1←N-1; CDC2←N+2ᵗ-1;
End Initialize.
For 0<CDC2≤N+2ᵗ-1:
CNT2←pₘ(CDC2);
CDC2←CDC2-1;
CNT1←qₘ(CDC1);
If CNT2=0 then CDC1←CDC1-1; Endif.
Endfor.
```

利用 CNT1 作为控制信号,CRRG 需在每个时钟周期将 BPWPC 的输出循环右移 $CNT1\times L$ 位,得到 $\{x(0-CNT1)_N,x(1-CNT1)_N,x(2-CNT1)_N,\cdots,x(N-1-CNT1)_N\}$. 由于 CNT1 中数据的取值范围为 $0\sim N-1$,当 N 较大时,若想只用一个循环右移寄存器(CRR)在一个时钟周期内实现所有可能的取值情况,则电路连线将非常复杂,且这部分电路结构的路径延时很可能成为 Substructure 的关键路径延时,最终使得 Substructure 的计算性能下降. 一个可行的方案是采用多个 CRR 以分级流水线的方式构建 CRRG,如图 5.6 所示. 由 $q_m(n')$ 的最大可能值可知,CNT1 的宽度应设置为 $\lceil\log_2 N\rceil$. 为了确保电路结构的通用性和固定性,同时使得 CRRG 中的最长路径延时不成为 Substructure 的关键路径延时,这里将 CNT1 中的数据拆分成 V 个 2 bit 的子数据,$V=\lceil\lceil\log_2 N\rceil/2\rceil$.

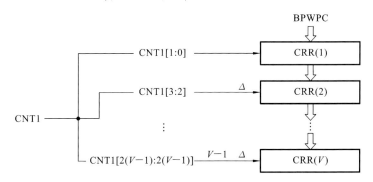

图 5.6　分级流水线实现 CRRG 的示意图

对于 $v \in \{1, 2, \cdots, V\}$,循环右移寄存器 CRR$(v)$ 中进行的循环移位操作由 CNT1 的第 $2v-1$ 位和第 $2(v-1)$ 位形成的数据经过 $v-1$ 个时钟周期的延迟来控制. 当 $\lceil \log_2 N \rceil$ 为奇数时,CRR(V) 实际上只由 CNT1 中的第 $2(v-1)$ 位数据控制. CRR(v) 的赋值逻辑可用下面的代码表述.

```
Case CNT1[(2v-1):(2v-2)](v-1)Δ:
2'b00:CRR(v)←CRR(v-1);
2'b01:CRR(v)←CRS_CRR(v-1)₂²⁽ᵛ⁻¹⁾;
2'b10:CRR(v)←CRS_CRR(v-1)₂²ᵛ⁻¹;
2'b11:CRR(v)←CRS_CRR(v-1)₂²⁽ᵛ⁻¹⁾₊₂²ᵛ⁻¹;
Endcase.
```

为了便于统一描述,BPWPC 被重新命名为 CRR(0). CRS_CRR$(v-1)_w$ 表示将 CRR$(v-1)$ 中的数据循环右移 $w \times L$ 位. 按照图 5.6 中的分级方案,当 CNT1 被赋值为 $q_m(n')$ 后,需要经过 V 个时钟周期的延迟才由 CRR(V) 输出有效的循环右移结果 $\{x(0-q_m(n'))_N, x(1-q_m(n'))_N, x(2-q_m(n'))_N, \cdots, x(N-1-q_m(n'))_N\}$.

为同步获取有效的数据作为 AU 的输入,CNT2 同样需要延迟 V 个时钟周期. AU 既可以采用图 5.7 中的 M1 结构,也可以采用图 5.8 中的 M2 结构.

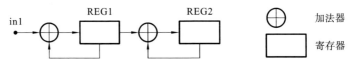

图 5.7 M1 结构示意图

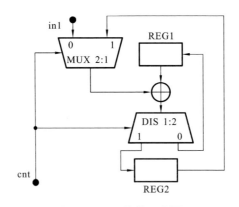

图 5.8 M2 结构示意图

当采用 M1 结构时,需要用延迟 V 个时钟周期的 CNT2 控制其中的两个加法器分时工作;而采用 M2 结构时,只需将控制信号 cnt 替换成延迟 V 个时钟周期的 CNT2. 当延迟 V 个时钟周期的 CNT2 数值为 0 时,对于第 $k(k \in \{0, 1, \cdots, N-1\})$ 个

AU, 其输入数据 $x(k-\mathrm{CNT1})_N$ 将被累加到 REG1, 以期获得新的 $c_{m\_i}(k)$. 反之, REG1 中新得到的 $c_{m\_i}(k)$ 将被累加到 REG2. 当本组最后一个控制信号控制 AU 完成计算后, REG2 中的值即为 $y_m(k)$.

综上所述, 图 5.5 中的 Substructure 具有通用性, 可用于实现任意长度为 N、卷积核元素位宽为 t、输入数据位宽为 L 的(子)循环卷积.

5.2.4　时间有效的循环卷积结构

以 Substructure 为主体计算模块, 若想尽可能提高整个循环卷积的计算性能, 可以将每个子循环卷积分别用一个 Substructure 来同时计算, 构建一个时间有效的循环卷积结构(TE_CCStructure), 如图 5.9 所示.

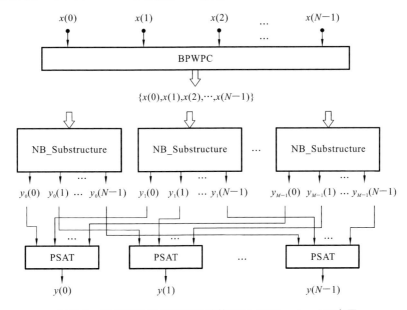

图 5.9　时间有效的循环卷积结构(TE_CCStructure)示意图

从结构示意图中可以看到, TE_CCStructure 主要由一个 BPWPC 、M 个无 BP-WPC 的 Substructure(用 NB_Substructure 表示)和 N 个并行移位加法树(PSAT)结构组成. 在正式计算前, 每个 NB_Substructure 的 CM 中需存储相对应的两组控制信号序列. 在第一个时钟周期内, 需初始化所有的寄存器, 并将输入数据序列送入 BP-WPC, 形成一个复合元素$\langle x(0), x(1), x(2), \cdots, x(N-1)\rangle$. 此后的每个周期, 复合元素作为每个 NB_Substructure 的输入, 进入 CRRG 中, 并由 CNT1 中的信号控制该复合元素在接下来的 V 个周期内完成循环右移操作并输出. CRRG 的输出被拆分还原成 N 个 L 位的数据, 并分别作为该 NB_Substructure 中 N 个 AU 的输入, 参与到后续的累加运算中, 直到同时完成所有的计算, 得到 $Y_m(m=0, 1, \cdots, M-1)$.

最后，$y(k)$的获取采用如图 5.10 所示的 PSAT 结构，以并行流水线的方式先将 $y_m(k)$左移 $mt(m=0,1,\cdots,M-1)$位，左移即图中的"$\ll$"，然后逐级两两相加，最后得到 $y(k)(k\in\{0,1,\cdots,N-1\})$.

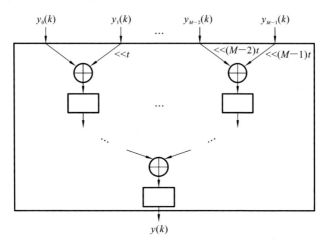

图 5.10　PSAT 结构示意图

5.2.5　面积有效的循环卷积结构

若对计算性能要求不高，希望用较少的硬件资源构建电路结构实现循环卷积运算，则可同样以 Substructure 为主体计算模块，将 M 个子循环卷积用一个 Substructure 分时复用，依次完成计算，构建一个面积有效的循环卷积结构（AE_CCStructure）. 如图 5.11 所示，构建 AE_CCStructure 需要用到一个综合控制模块（ICM）、一个无控制模块的 Substructure（用 NC_Substructure 表示）和 N 个移位累加单元（SAU），其中 SAU 由一个加法器和一个寄存器构成.

由于每个子循环卷积的控制信号序列不同，且需要被预先存放在两组存储单元中，若分时复用一个 NC_Substructure，ICM 需存储 M 个子循环卷积对应的 M 对控制信号序列，并增加两个"M 选 1"数据选择器（MUX $M{:}1$）和一个递减器 CDC3. CDC3 被初始化为 $M-1$，由它控制 MUX $M{:}1$ 并选择从第 $M-1$ 对控制信号序列中取值，并开始计算 Y_{M-1}. 当完成 Y_{M-1} 的计算后，第 $k(k\in\{0,1,\cdots,N-1\})$个 REG3 中的值（初始化为 0）将左移 t 位与 $y_{M-1}(k)$相加并存入该 REG3 中，完成移位累加的操作. 同时，CDC3 更新为 CDC3＝CDC3－1，继续下一个子循环卷积 Y_{M-2} 的计算，直至 CDC3 减为 0.

ICM 中的电路逻辑可用下面的代码表述.

```
Initialize: CDC1←N-1; CDC2←N+2ᵗ-1; CDC3←M-1;
End Initialize.
```

```
For 0≤CDC3≤M-1:
  For 0<CDC2≤N+2ᵗ-1:
  CNT2←p_{CDC3}(CDC2);
  CDC2←CDC2-1;
  CNT1←q_{CDC3}(CDC1);
  If CDT2=0 then CDC1←CDC1-1;Endif.
  Endfor.
CDC3←CDC3-1;
CDC1←N-1;
CDC2←N+2ᵗ-1;
Endfor.
```

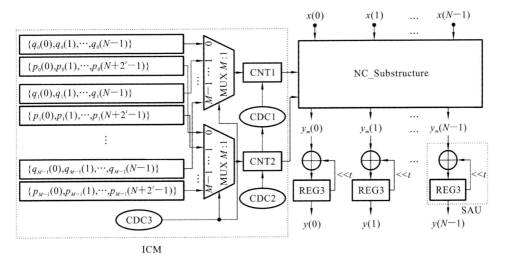

图 5.11　面积有效的循环卷积结构(AE_CCStructure)示意图

每完成一轮子循环卷积的计算,CDC3 自减 1,CDC1 和 CDC2 被重新初始化为 $N-1$ 和 $N+2^t-1$,开始下一轮计算. 当 CDC3 减为 0 时表示开始执行最后一轮子循环卷积的计算. 当最后一轮计算结束后,第 $k(k\in\{0,1,\cdots,N-1\})$ 个 AU 的输出 $y_0(k)$ 将被累加到第 k 个 REG3 中,该 REG3 中的数据即为最终结果 $y(k)$.

5.3　循环卷积硬件结构的性能分析

本节首先分别对提出的 Substructure、TE_CCStructure 和 AE_CCStructure 占用的硬件资源和计算性能进行详细分析,随后选取几种典型的循环卷积硬件结构作为比较对象,通过对比和分析 TE_CCStructure、AE_CCStructure 与其他硬件结构所需的主要硬件资源及其计算性能,初步了解这些循环卷积硬件结构的性能差异.

在接下来的分析中,为了使计算过程中的数据不发生溢出,所有硬件结构中使用的存储单元、寄存器、数据选择器等基本元件的宽度均设置为可能需要的最大值. 为了便于对比不同硬件结构所需的硬件资源,所有硬件结构中的减法器将被折算成同等规模的加法器,多路数据选择器将被折算成能实现相同功能的多个"2 选 1"数据选择器.

5.3.1 Substructure 的性能分析

对于图 5.5 中的 Substructure,在 CM 中需要一个深度为 N、宽度为 $\lceil \log_2 N \rceil$ 位的存储区域存放 $\{q_m(n'), n'=0,1,\cdots,N-1\}$,一个深度为 $N+2^t$、宽度为 1 位的存储区域存放 $\{p_m(r), r=0,1,\cdots,N+2^t-1\}$. 此外,还需要两个减法器、一个宽度为 $\lceil \log_2 (N+2^t) \rceil$ 位的寄存器、两个宽度为 $\lceil \log_2 N \rceil$ 位的寄存器和一个宽度为 1 位的寄存器来生成控制信号. 合成复合元素的 BPWPC 实际上相当于一个宽度为 $N \times L$ 位的寄存器,而由 $\lceil \lceil \log_2 N \rceil /2 \rceil$ 个 CRR 构成的 CRRG 通常可由 $\lceil \lceil \log_2 N \rceil /2 \rceil$ 个宽度为 NL 位的寄存器和 $3 \lceil \lceil \log_2 N \rceil /2 \rceil$ 个宽度为 NL 位的"2 选 1"数据选择器构成. 在随后的累加运算中,若 AU 采用 M1 结构,N 个 AU 总共需要用到 $2N$ 个加法器、N 个宽度为 $\lceil \log_2 N \rceil +L$ 位的寄存器和 N 个宽度为 $\lceil \log_2 N \rceil +L+t$ 位的寄存器. 若 AU 采用 M2 结构,则共需要用到 N 个加法器、N 个位宽为 $\lceil \log_2 N \rceil +L+t$ 位的"2 选 1"数据选择器、N 个宽度为 $\lceil \log_2 N \rceil +L+t$ 位的"1 路-2 路"数据分配器和 $2N$ 个宽度为 $\lceil \log_2 N \rceil +L+t$ 位的寄存器.

在进行计算时,输入数据序列需要一个时钟周期进入 BPWPC,再经过 $\lceil \lceil \log_2 N \rceil /2 \rceil$ 个时钟周期完成相应的循环右移操作到达 CRRG 的输出端. 在此后的 $N+2^t-1$ 个时钟周期里,每个 AU 利用来自 CRRG 的拆分数据,逐步将 N 个输入元素累加到 REG1,得到 $c_{m\_0}(k)$,同时也将 REG1 中陆续获得的 $\{c_{m\_i}(k), i=1,2,\cdots,2^t-1\}$ 累加到 REG2 中,得到 $y_m(k)$. 通过分析可知,Substructure 的输入-输出延迟为 $\lceil \lceil \log_2 N \rceil /2 \rceil +N+2^t$ 个时钟周期. 当需要计算多组子循环卷积时,BPWPC 只需要每隔 $N+2^t$ 个周期更新一组输入数据序列,其中 $N+2^t-1$ 个周期用于实际的计算,一个周期用于初始化所有寄存器和其他配置. 因此,Substructure 的平均吞吐率为 $N/(N+2^t)$ 个结果/周期.

时钟周期通常设置为硬件结构的关键路径延时. 在 CM 中,关键路径延时主要包括从存储区域取值造成的延时 D_m 和单个减法操作造成的延时 D_{sub},一般 D_{sub} 与单次加法操作的延时 D_{add} 相当,显然 $D_m < D_{add}$,因此 CM 的关键路径延时为 D_{add}. 在 BPWPC 和 CRRG 中,关键路径延时是相邻 CRR 之间用两级"2 选 1"数据选择器实现循环右移操作造成的延时,即 $2D_{MUX}$,通常有 $2D_{MUX} < D_{add}$. 若采用 M1 结构,AU 的关键路径延时为 D_{add};若采用 M2 结构,AU 的关键路径延时变成 $D_{add}+D_{MUX}+$

D_{DIS}. 综合以上分析, 最终 Substructure 的时钟周期 T 由所选的 AU 结构决定.

5.3.2　TE_CCStructure 的性能分析

基于对 Substructure 的分析, 图 5.9 中的 TE_CCStructure 需要的主要硬件资源: 一个宽度为 $N \times L$ 位的寄存器构成的 BPWPC; 由 M 个深度为 N、宽度为 $\lceil \log_2 N \rceil$ 位的存储区域, M 个深度为 $N+2^t$、宽度为 1 位的存储区域, $2M$ 个减法器, M 个宽度为 $\lceil \log_2(N+2^t) \rceil$ 位的寄存器, $2M$ 个宽度为 $\lceil \log_2 N \rceil$ 位的寄存器和 M 个宽度为 1 位的寄存器构成的 M 个 CM; 由 $M \times \lceil\lceil \log_2 N \rceil/2\rceil$ 个宽度为 $N \times L$ 位的寄存器和 $3M \times \lceil\lceil \log_2 N \rceil/2\rceil$ 个宽度为 $N \times L$ 位的"2 选 1"数据选择器构成的 M 个 CRRG; $N \times M$ 个 AU; 由 $N(M-1)$ 个加法器和至少 $N(M-1)$ 个宽度为 $\lceil \log_2 N \rceil+2L$ 位的寄存器构成的 N 个 PSAT 结构.

在计算性能上, 在得到由 NB_Substructure 输出的 Y_m 后, 每个 PSAT 结构仍需 $\lceil \log_2 M \rceil$ 个时钟周期将相对应的 $y_m(k)(m=0,1,\cdots,M-1)$ 移位累加. 这使得 TE_CCStructure 的输入-输出延迟变为 $\lceil\lceil \log_2 N \rceil/2\rceil+N+2^t+\lceil \log_2 M \rceil$ 个时钟周期. 由于 PSAT 结构采用并行流水线的设计方式, 其中的左移操作不影响路径延时, 这部分电路结构的关键路径延时同样为一个加法器的路径延时 D_{add}. 在 PSAT 结构进行当前组的移位累加运算时不影响 NB_Substructure 进行下一组循环卷积运算. 因此, TE_CCStructure 的平均吞吐率和关键路径延时与 Substructure 相同.

5.3.3　AE_CCStructure 的性能分析

图 5.11 中的 AE_CCStructure 主要由一个 ICM、一个 NC_Substructure 和 N 个 SAU 组成. 其中, 构建 ICM 需要的硬件资源有: M 个深度为 N、宽度为 $\lceil \log_2 N \rceil$ 位的存储区域, M 个深度为 $N+2^t$、宽度为 1 位的存储区域, $M-1$ 个宽度为 $\lceil \log_2 N \rceil$ 位的"2 选 1"数据选择器, $M-1$ 个宽度为 1 位的"2 选 1"数据选择器, 三个减法器, 一个宽度为 $\lceil \log_2 M \rceil$ 位的寄存器, 一个宽度为 $\lceil \log_2(N+2^t) \rceil$ 位的寄存器, 两个宽度为 $\lceil \log_2 N \rceil$ 位的寄存器和一个宽度为 1 位的寄存器. 构建 NC_Substructure 需要的硬件资源有: 一个宽度为 $N \times L$ 位的寄存器构成的 BPWPC, $\lceil\lceil \log_2 N \rceil/2\rceil$ 个宽度为 $N \times L$ 位的寄存器和 $3\lceil\lceil \log_2 N \rceil/2\rceil$ 个宽度为 $N \times L$ 位的"2 选 1"数据选择器构成的 CRRG, 还有 N 个 AU. 每个 SAU 由一个加法器和一个宽度为 $\lceil \log_2 N \rceil+2L$ 位的寄存器构成.

在开始计算后的第 $\lceil\lceil \log_2 N \rceil/2\rceil+N+2^t$ 个周期, NC_Substructure 得到第一组子循环卷积结果 Y_{M-1}. 此后每隔 $N+2^t$ 个周期, NC_Substructure 输出一组子循环卷积结果. 第 $k(k\in\{0,1,\cdots,N-1\})$ 个 REG3 中的数据左移 t 位与对应的单个子循环卷积结果 $y_m(k)$ 相加并继续保存于 REG3 中, 直到 $y_0(k)$ 被累加到 REG3 中. 因

此 AE_CCStructure 的输入-输出延迟为 $\lceil \log_2 N \rceil/2 + (N+2^{t})M$ 个时钟周期,平均吞吐率变为 $N/[(N+2^{t})M]$ 个结果/周期.

在时钟周期的设置上,考虑到 ICM 中存在两个"M 选 1"的数据选择器,若在一个周期内实现从 M 个存储区域分别取数并选择其中一个数据输出,则 ICM 的关键路径延时为 $D_m + \lceil \log_2 M \rceil D_{MUX}$. 为了保证 AE_CCStructure 与 NC_Substructure 的关键路径延时相同,若 $D_m + \lceil \log_2 M \rceil D_{MUX}$ 大于 NC_Substructure 的关键路径延时,则需要插入适当的寄存器和延时单元,优化 ICM 中的关键路径.

5.3.4　循环卷积结构的性能对比与分析

为了评估新提出的两种基于一阶矩的循环卷积结构 TE_CCStructure 和 AE_CCStructure 与其他循环卷积硬件结构之间的性能差异,本节选取了用双端口存储器实现的直接基于内存的循环卷积结构[67](用 DM_CCStructure 指代)、基于改进 DA 算法的并行循环卷积结构[34](用 DA_CCStructure 指代)和第 4 章中基于一阶矩的卷积结构(用 FM_CCStructure 指代)作为比较对象. 为确保比较的公平性与合理性,所有硬件结构均假设采用流水线的设计方式实现. 由于 TE_CCStructure 和 AE_CCStructure 的平均吞吐率均小于 1 个结果/周期,为了尽量确保其计算性能与其他硬件结构保持在同一水平,这两种硬件结构中的 AU 仍采用 M1 结构. 表 5.3 列出了多种循环卷积硬件结构所需的加法器数量、存储单元数量,以及每种硬件结构的关键路径延时、平均吞吐率和输入-输出延迟.

表 5.3　多种循环卷积硬件结构所需的主要硬件资源及其计算性能

	加法器/个	存储单元/个	关键路径延时	平均吞吐率/(个结果/周期)	输入-输出延迟/(时钟周期)
DM_CCStructure	$2N$	$2^{L/2}N$	D_{add}	1	$N+3$
DA_CCStructure	$(P+1)L$	$2^{N/P}LP$	D_{add}	1	$L+P+1$
FM_CCStructure	$[N+2^{L}-3,\ \min(N,2^{L})+N+2^{L}-4]$	0	D_{add}	1	$[2^{L+1}-1,\ \lceil \log_2 N \rceil+2^{L+1}-1]$
TE_CCStructure	$(3M-1)N+2M$	$(2N+2^{L/M})M$	D_{add}	$N/(N+2^{L/M})$	$\lceil \log_2 N \rceil/2+N+2^{L/M}+\lceil \log_2 M \rceil$
AE_CCStructure	$3N+3$	$(2N+2^{L/M})M$	D_{add}	$N/[(N+2^{L/M})M]$	$\lceil \log_2 N \rceil/2+(N+2^{L/M})M$

就硬件资源的需求量而言,虽然 DM_CCStructure 需要的加法器最少,但所需存储单元的数量与卷积核元素位宽呈 2 的幂次方增长. FM_CCStructure 虽然不需要

用到存储器,但其所需加法器的数量与卷积核元素的位宽呈 2 的幂次方增长.这两种硬件结构均只适用于数据位宽较小的情况.虽然 DA_CCStructure 通过利用灵活的分解策略对循环卷积长度 N 进行分解,大大减少了存储单元的需求量,但需要在减少存储单元和加法器之间权衡.本书提出的 TE_CCStructure 和 AE_CCStructure 虽然对存储单元的需求量与卷积核元素位宽的因子呈 2 的幂次方增长,但其中的存储单元位宽为 1,因此整体而言对存储单元的需求量不大.与 FM_CCStructure 相比,通过利用灵活的卷积核分解策略,TE_CCStructure 和 AE_CCStructure 所需加法器的数量大大减少,应该能与 DA_CCStructure 一样,避免有过多的硬件资源消耗.尤其是以牺牲计算性能为代价的 AE_CCStructure,应该在硬件面积上有较大优势.

在计算性能方面,由于所有硬件结构均采用流水线的设计方式实现,这些硬件结构的关键路径延时均为该结构中位宽最大的加法器产生的路径延时,即 D_{add}.从表 5.3 中可以看到,本章所选的三个对比硬件结构的平均吞吐率均达到了 1 个结果/周期.本章设计的 TE_CCStructure 和 AE_CCStructure 虽不能达到如此高的平均吞吐率,但随着循环卷积长度的增加,TE_CCStructure 的平均吞吐率会逐渐逼近 1 个结果/周期,AE_CCStructure 的平均吞吐率也将逼近 $1/M$ 个结果/周期.最后,除了 FM_CCStructure 会因数据位宽较大导致输入-输出延迟太长外,其他硬件结构的输入-输出延迟均随循环卷积长度增加呈线性增长.其中,AE_CCStructure 的输入-输出延迟是 TE_CCStructure 的近 M 倍.

5.4　循环卷积硬件结构的逻辑实现与分析

本节主要以逻辑实现的方式获得循环卷积硬件结构在特定的结构参数和设置下的各项性能,从而定量地评估新提出的两种循环卷积硬件结构的综合性能及各项结构参数的变化对综合性能产生的影响,全面、准确地衡量这两种新硬件结构与 5.3.4 节中选取的三种对比结构的性能差异.

5.4.1　逻辑实现流程

设计的硬件结构逻辑实现需要先确定硬件结构的各项结构参数取值,如循环卷积长度 N,数据位宽 L,卷积核的分解因子 M 和 t.各项结构参数均已确定的硬件结构称为实例结构.针对实例结构进行逻辑实现主要包括以下三步操作.

(1)使用 HDL 语言将实例结构以编程的形式实现,形成可综合的寄存器传输级(register transfer level,RTL)代码.

(2)对 RTL 代码进行功能仿真,以验证设计功能正确与否.对不符合要求之处,重新修改代码,直至代码能准确地实现所需的计算功能为止.

(3)对通过功能仿真验证的实例结构进行逻辑综合.

本节实现实例结构编程选用的是 Verilog HDL,对 RTL 代码进行功能仿真采用的是 ModelSim,具体版本为 ModelSim-Altera 6.6d(Quartus Ⅱ 10.1sp1)Starter Edition.鉴于本章所设计的硬件结构均为无乘法器的结构,为了通过逻辑综合来全面评估其综合性能,这里采用专用集成电路(ASIC)综合工具,能得到所有硬件资源所对应的最底层逻辑单元的总和,对实例结构进行逻辑综合选择的是 ASIC 业界最常用的综合工具 Design Compiler,标准单元库选择的是 0.18 μm 中芯国际(SMIC)工艺库.

在设计约束的设置方面,为了使得实例结构的计算性能最优化,本章每个实例结构的逻辑综合对面积和功耗无约束,对时序约束很"紧",以优化电路、获得最快的时序.具体而言,本章对时钟周期的设置是结合选择的工艺库对实例结构的关键路径进行延时分析,设定一个初值(一般要稍大于分析所得的关键路径延时值),在能顺利通过逻辑综合过程(即无时序违规)的前提下多次调整(一般是减少)时钟周期值,调整的步长为 0.1 ns,以逼近电路结构真实的关键路径延时.最后选取可设置的最小时钟周期值作为该实例结构在逻辑综合时的时序约束,将这次逻辑综合所得结果作为最终结果.

5.4.2　综合性能评价指标

通常硬件面积和时序约束之间需要折中,优化时序往往意味着综合出来的电路面积会更大,而对硬件面积有更高的要求则必须在时序上做出妥协[68].在本文中,由于时钟周期的设置不唯一,对于特定的实例结构,设定的时钟周期越大,综合出来的电路面积往往越小,反之,综合出来的电路面积越大.因此,最后将利用综合得到的面积(Area)与设定的时钟周期(T_{clk})的乘积[34, 67]作为衡量硬件结构性能的一个综合性评价指标,用 ADP 表示,即

$$ADP = Area \times T_{clk} \tag{5.16}$$

考虑到实例结构的计算效率还与其平均吞吐率相关,为了更全面地衡量实例结构的硬件性能,本章还采用了面积(Area)与平均计算时间(T_{ave})的乘积[8]作为另一个综合性评价指标,用 ATP 表示:

$$ATP = Area \times T_{ave} \tag{5.17}$$

这里的平均计算时间 T_{ave} 即计算单个循环卷积结果所需的时间,相当于设定的时钟周期与平均吞吐率的比值.显然,同等情况下,ADP 和 ATP 越小,硬件结构在逻辑实现时的综合性能越优.

另外,由于 ASIC 电路的功耗(Power)与负载电容、工作频率(即时钟周期的倒数)和工作电压的平方成正比[69],在工艺相同的情况下,负载电容与逻辑门的尺寸和数量成正比,工作电压与工作频率成正比,因此可以推测出功耗与时钟周期的三次方成反比,会随着硬件面积的增大而增加.本章对逻辑实现后的各实例结构进行功耗分

析时将重点讨论逻辑综合时所设定的时序约束和综合后得到的面积与功耗之间的联系.

5.4.3　新结构的参数敏感度分析

为了定量地衡量在固定的数据位宽下不同的卷积长度和分解模式对新提出的两种循环卷积硬件结构的综合性能产生的影响,本节将两种新结构的输入数据和卷积核元素的位宽 L 设定为 16,卷积长度 N 选取了 8、16、32 和 64 这四个不同的值,分解因子 M 选取了 2、4 和 8 这三个不同的值.本组性能评估实验涉及的 24 个实例结构逻辑实现后得到的 ADP 信息如图 5.12 所示.

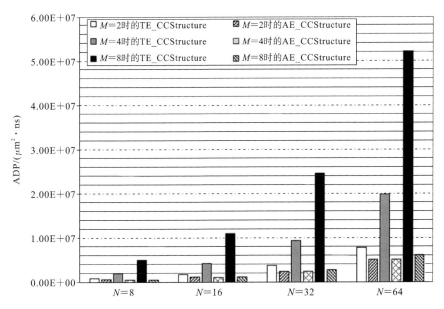

图 5.12　新硬件结构在多种卷积长度和分解情况下的 ADP($L=16$)

观察图 5.12 可知,在卷积长度固定时,同一个分解因子 M 对应的 AE_CCStructure 总比 TE_CCStructure 具有更小的 ADP,且随着 M 的增加,差距越来越大.这一方面是因为前者本身就是以节约硬件资源为目的而设计的,在相同的分解情况下,肯定比后者占用的硬件面积更少,这也与 5.3.4 节的理论分析与对比得出的结论一致.当两者所设置的时钟周期相近,即理论上同为一个加法器的路径延时,前者的 ADP 肯定比后者更小.另一方面,对于固定的数据位宽 L,分解因子 M 越大,说明后者所需的 NB_Substructure 越多,单个 PSAT 结构中所需的加法器数量也越多,因此后者硬件面积的增加量比较明显.对于前者而言,M 增大对其硬件面积和关键路径延时几乎不产生影响,只有存储单元的数量会有所增加.当后者的 ADP 随 M 的增加明显增大,而前者的 ADP 无明显增大时,两者在 ADP 上的差距必定越来越明显.

此外,在分解因子固定时,随着卷积长度 N 的增加,TE_CCStructure 的 ADP 明显增大,而 AE_CCStructure 的 ADP 增长缓慢,且分解因子 M 越大,变化趋势越明显.这同样是因为 TE_CCStructure 中有多个 NB_Substructure 和 PSAT 结构,每个模块所需的硬件资源都与 N 和 M 相关,且随之增加,因此其 ADP 的增长速度较快.相比之下,AE_CCStructure 只有一个 NC_Substructure,硬件资源主要与 N 相关,因此其 ADP 增长速度较慢.

若就 ADP 而言,AE_CCStructure 比 TE_CCStructure 更优,且性能更稳定.对于固定的数据位宽,不同分解情况下 AE_Structure 的 ADP 几乎无差别.不过,考虑到 AE_CCStructure 需要更多的时钟周期完成计算,其平均吞吐率远低于 TE_CCStructure 的平均吞吐率,为此需要进一步对比两者在 ATP 上的性能差异.

本组性能评估实验所涉及的 24 个实例结构的 ATP 信息如图 5.13 所示.从图 5.13 中可以看到,在卷积长度固定时,M 设定为 4 所对应的 AE_CCStructure 与 TE_CCStructure 的实例结构具有最小的 ATP.在卷积长度不超过 32 时,M 设定为 2 会导致两者的 ATP 最大.这是因为 TE_CCStructure 中的子循环卷积结构 NB_Substructure 和 AE_CCStructure 中的子循环卷积结构 NC_Substructure 完成一次计算所需的时钟周期数与子卷积核元素的位宽 t 呈 2 的幂次方增长.当 M 设定为 2 时,子卷积核元素的位宽 t 为 8,导致 AE_CCStructure 和 TE_CCStructure 的平均吞吐率低,严重影响了两者的计算性能.虽然前者所需的硬件面积最小,但平均吞吐率只为后者的一半,因此后者的 ATP 更小.当 M 设定为 4 时也是如此.当 M 等于 8 时,

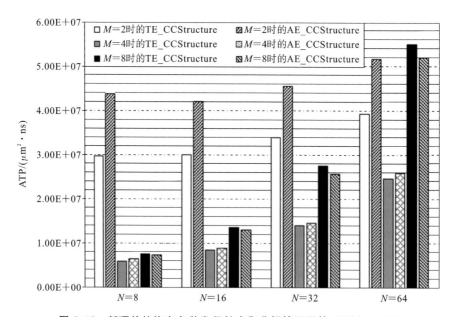

图 5.13 新硬件结构在多种卷积长度和分解情况下的 ATP($L=16$)

虽然两者的平均吞吐率变高,但硬件资源的消耗也更多.尤其对后者而言需要 8 个
NB_Substructure,且单个 PSAT 结构中所需加法器的数量增加到 7 个.对硬件资源
的巨大需求使得此时 TE_CCStructure 的 ATP 很大,甚至超过了等效的 AE_
CCStructure.

　　综合以上分析,当数据位宽为 16 时,将 M 设定为 4 能使 AE_CCStructure 和
TE_CCStructure 在逻辑实现时的 ATP 最小,且后者的 ATP 比前者更小.对于数据
位宽为其他数值的情况,可依据同样的方式,通过将两者在所有分解模式下所对应的
实例结构均逻辑实现,对比这些实例结构的 ATP 信息,从而确定使得 ATP 性能最
佳的分解模式.

5.4.4　新结构与 FM_CCStructure 的实验性能对比与分析

　　为了定量地对比本章提出的两种新硬件结构与第 4 章提出的 FM_CCStructure
在综合性能上的差异,鉴于 FM_CCStructure 与卷积核序列的具体数值相关,本组性
能对比实验以逻辑实现 61 点 DFT 的实部运算为例.在将 61 点 DFT 的实部运算转
化成长度为 60 的循环卷积与输入数据序列第一个元素之和的形式后,选取了其中的
循环卷积运算作为实现目标.由于卷积核元素是余弦值,因此待实现的循环卷积被转
化成了式(5.4)的形式,TE_CCStructure、AE_CCStructure 和 FM_CCStructure 被用
来计算式(5.4)的前半部分,即 $\{y'(k),k=1,2,\cdots,N-1\}$.

　　在本组性能对比实验中,输入数据的位宽 L 统一设定为 16 位.为了进一步观察
不同的卷积核元素位宽对硬件结构性能造成的影响,同时考虑到 FM_CCStructure
所需加法器的数目与卷积核元素的位宽呈 2 的幂次方增长,卷积核元素 $h'(n)$ 的位
宽 L' 不宜过大,这里分别将 L' 设定为 4、6 和 8.此外,TE_CCStructure 和 AE_
CCStructure 的分解因子 M 均设定为 2.本组性能对比实验中涉及的 9 个实例结构
逻辑实现后得到的 ADP 信息如图 5.14 所示.

　　在卷积长度相同、输入数据位宽相同的情况下,FM_CCStructure 在卷积核数据
位宽较小时的确具有最小的 ADP.不过,随着卷积核元素位宽 L' 的增加,FM_
CCStructure 的 ADP 迅速增大.在 L' 为 6 和 8 时,FM_CCStructure 的 ADP 远大于
TE_CCStructure 和 AE_CCStructure 的 ADP.这主要是因为三种硬件结构的关键路
径延时均为一个加法器的路径延时,当三者的时序约束都较"紧"时,时钟周期相差不
大.随着卷积核元素位宽的增长,分解因子 M 被设定为 2 的 TE_CCStructure 和 AE_
CCStructure 所需的加法器个数不变,只有各元器件的尺寸会稍有增大、存储器单元
数量会稍微有所增加,两者的硬件面积均不会有太大变化.但此时 FM_CCStructure
中采用的基于 1-网络的一阶矩并行计算结构所需的加法器和其输入端所需延时单
元的数量均与卷积核元素的位宽 L' 呈 2 的幂次方增长,导致其硬件面积随 L' 的增大
而显著增大.当三者的时钟周期值相近,TE_CCStructure 和 AE_CCStructure 的硬件面

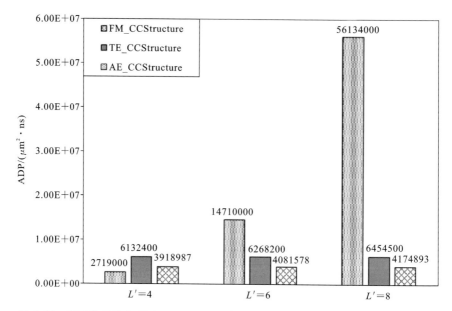

图 5.14　新硬件结构与 FM_CCStructure 在不同卷积核元素位宽下的 ADP($L=16$)

积随 L' 的增大无明显增大而 FM_CCStructure 的硬件面积随 L' 的增大显著增大时,就 ADP 而言,TE_CCStructure 和 AE_CCStructure 显然优于 FM_CCStructure.

　　类似的变化趋势也表现在三种硬件结构的功耗中,如图 5.15 所示.与图 5.14 进行对比可以发现,除了在 L' 为 6 时 FM_CCStructure 的功耗比 TE_CCStructure 稍

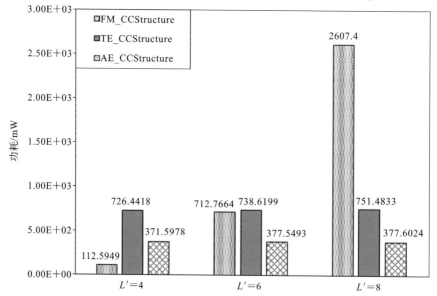

图 5.15　新硬件结构与 FM_CCStructure 在不同卷积核元素位宽下的功耗($L=16$)

低之外,三者的功耗与其 ADP 的变化趋势几乎一致.这主要是因为影响这两个性能的主要因素相同,均为硬件面积和时钟周期.虽然与 ADP 不同,功耗与时钟周期的三次方成反比增长,但这三种硬件结构的时钟周期相差不大.因此,硬件面积成了体现其功耗差异的主要因素.

最后,本组性能对比实验中的 9 个实例结构的 ATP 信息如图 5.16 所示.与图 5.14 对比可知,FM_CCStructure 的 ADP 与 ATP 相同,而 TE_CCStructure 和 AE_CCStructure 的 ATP 比各自对应的 ADP 要大.这是因为前者的平均吞吐率为 1 个结果/周期,而后两者的平均吞吐率均小于 1 个结果/周期.前者的平均吞吐率高于后两者,且卷积核元素位宽较小时前者所需的硬件面积更小,这使得前者在 L' 为 4 时拥有比后两者更小的 ATP.然而随着 L' 的增大,前者所占用的硬件面积迅速增大,使得其 ATP 在 L' 为 6 和 8 时已经远大于后两者.

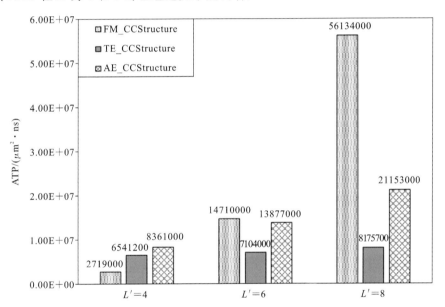

图 5.16　新硬件结构与 FM_CCStructure 在不同卷积核元素位宽下的 ATP($L=16$)

以上实验结论同时也印证了 5.3.4 节中相关理论分析的正确性,即 FM_CCStructure 只适用于卷积核元素位宽较小的情况.在实际应用中,参与运算的卷积核元素通常为 8 位,甚至更大,此时 TE_CCStructure 和 AE_CCStructure 显然比 FM_CCStructure 更有效.

5.4.5　新结构与 DM_CCStructure 和 DA_CCStructure 的实验性能对比与分析

为了定量地衡量新硬件结构与其他两个无乘法器的通用型循环卷积结构(即

5.4.4节中的 DM_CCStructure 和 DA_CCStructure)的综合性能差异,在本组性能对比实验中,所有输入数据和卷积核元素的位宽 L 被设定为 16,卷积长度 N 选取 8、16、32、40、48、56 和 64 这七个不同的值.为确保逻辑实现的正确性和后续对比的公平性,两种对比结构 DM_CCStructure 和 DA_CCStructure 严格按照原文献中的设计用 Verilog HDL 编程实现,其中 DA_CCStructure 的分解因子 P 被设定为 $N/2$,使得其综合性能最佳.同样为使本章提出的新硬件结构 TE_CCStructure 和 AE_CCStructure 的综合性能最佳,其分解因子 M 均被设定为 4.

将本组性能对比实验所涉及的 32 个实例结构逻辑实现后,图 5.17 展示了四种硬件结构的 ADP 变化曲线.从图 5.17 中可以看到,当 $8 \leqslant N \leqslant 64$ 时,两种新硬件结构比其他两种对比结构具有更小的 ADP,且 N 越大,新结构的 ADP 与对比结构的 ADP 之间的差距越明显.结合 5.3.4 节中的理论分析可知,这主要是因为 DM_CCStructure 在数据位宽为 16 时对存储单元的需求量非常大,而 DA_CCStructure 在数据位宽为 16、分解因子 P 为 $N/2$ 时对加法器的需求量非常大,这导致两种对比结构占用的硬件面积都非常大.尤其当采用流水线的方式实现时,两种对比结构所需的延时单元数量与 N^2 成正比,导致其占用的硬件面积随 N 的增大明显增加.相对而言,TE_CCStructure 和 AE_CCStructure 不存在这样的问题.即使 TE_CCStructure 所需的硬件资源是 AE_CCStructure 的近四倍,两者占用的硬件面积仍然只与 N 呈

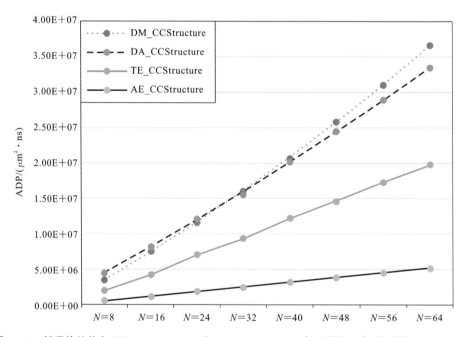

图 5.17 新硬件结构与 DM_CCStructure 和 DA_CCStructure 在不同卷积长度下的 ADP(L=16)

线性增长. 由于关键路径延时的差距不大, 这些硬件结构的 ADP 主要受其硬件面积变化的影响.

在本组性能对比实验中, 由于两种对比结构的平均吞吐率均为 1 个结果/周期, 其 ATP 与 ADP 在数值上相等. 相比之下, TE_CCStructure 的平均吞吐率为 $N/(N+16)$ 个结果/周期, AE_CCStructure 的平均吞吐率为 $N/[4(N+16)]$ 个结果/周期. 在 N 较小时, 过低的平均吞吐率使得新提出的两种硬件结构的 ATP 比自身的 ADP 大很多. 但随着卷积长度 N 的增大, TE_CCStructure 的平均吞吐率会随之增大, 并逐渐逼近其上限, 即 1 个结果/周期. 同样, AE_CCStructure 的平均吞吐率也会逐渐逼近其上限, 即 0.25 个结果/周期. 由平均吞吐率的不同而导致这些硬件结构的综合性能可能发生的变化在图 5.18 中得到了很好的印证: 当 $N<24$ 时, 新提出的两种循环卷积硬件结构的 ATP 比两种对比结构的 ATP 大; 在 $N=24$ 时, 所有硬件结构的 ATP 几乎相同; 当 $N>24$ 时, 新提出的两种硬件结构显示出优势, 且 N 越大, 优势越明显.

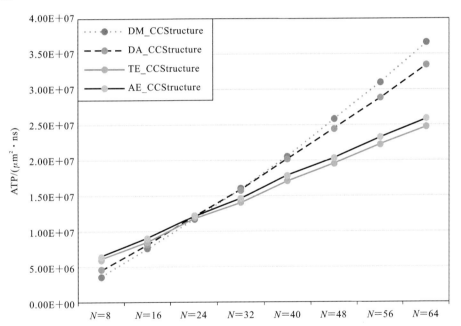

图 5.18　新硬件结构与 DM_CCStructure 和 DA_CCStructure 在不同卷积长度下的 ATP($L=16$)

图 5.19 中显示了本组性能对比实验中四种硬件结构的功耗变化情况. 从图5.19 中可以看到, 两种新硬件结构的功耗低于两种对比结构的功耗. 其中 AE_CCStructure 在功耗上具有明显优势, TE_CCStructure 的功耗稍低于 DA_CCStructure 的功耗, 且两者的功耗变化趋势基本保持一致.

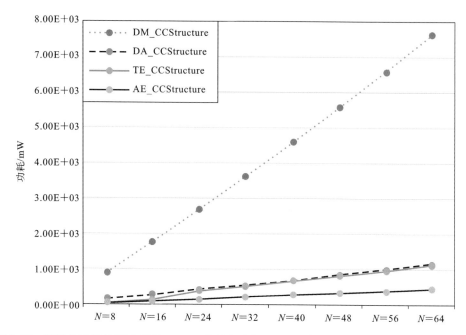

图 5.19 新硬件结构与 DM_CCStructure 和 DA_CCStructure 在不同卷积长度下的功耗($L=16$)

表 5.4 中单独列出了 $N=64$ 时四个实例结构的面积、时钟周期、平均计算时间、功耗、ADP 和 ATP. 可以看出,新提出的两种硬件结构的面积和功耗均小于两种对比结构.经过多次调整时序约束,这些实例结构的时钟周期值有些许差异,这很可能是由不同硬件结构中的不同移位累加操作和进位等造成的,不影响最终的实验结论. 在 $N=64$、$L=16$、$M=4$ 时,TE_CCStructure 和 AE_CCStructure 的吞吐率分别为 0.8 个结果/周期和 0.2 个结果/周期,结合各自的时钟周期值,可以得到其平均计算每个结果所需的时间.虽然就计算性能而言,新提出的两种硬件结构不如选取的两种对比结构[26,27],但在硬件面积上的显著优势使得它们在逻辑实现时的综合性能比这两种对比结构更优.

表 5.4 新硬件结构与 DM_CCStructure 和 DA_CCStructure 的性能比较($L=16$,$N=64$)

	面积 /μm^2	时钟周期 /ns	平均计算 时间/ns	功耗 /mW	ADP /($\mu m^2 \cdot$ ns)	ATP /($\mu m^2 \cdot$ ns)
DM_CCStructure	9897413	3.7	3.7	7573.2	3.6620×10^7	3.6620×10^7
DA_CCStructure	6831729	4.9	4.9	1137.5	3.4755×10^7	3.4755×10^7
TE_CCStructure	4831427	4.1	5.125	1099.4	1.9809×10^7	2.4761×10^7
AE_CCStructure	1727935	3.0	15	433.4783	5.1838×10^6	2.5919×10^7

5.5　本章小结

　　本章以快速一阶矩算法和一阶矩串行计算结构为基础,首先利用提出的卷积核分解策略,提出了基于一阶矩的快速循环卷积算法.对算法复杂度进行的理论分析表明该算法很好地解决了现有的基于一阶矩的快速算法在常用数据位宽下加法运算量大的问题,具备快速实现的可能性.随后,利用提出的子卷积核预处理方案和子循环卷积并行化实现方案,设计了两种通用型循环卷积硬件结构.最后,对新提出的两种硬件结构所需的硬件资源及其计算性能进行了详细分析,并与其他硬件结构进行了对比.通过理论分析,结合硬件结构的逻辑实现了所进行的多组实验,充分验证了新硬件结构的有效性和优越性.

　　具体来说,与第 4 章提出的基于一阶矩的卷积结构相比,虽然新硬件结构需要少量的存储单元,并且平均吞吐率较低,但具有以下优势.

　　(1) 硬件结构本身独立于卷积核,具有通用性,可用于卷积核数值可变的情况.

　　(2) 对卷积核的数据位宽无限制,且在数据位宽较大时,通过选取合适的分解因子,大大减少了对加法器和延时单元的需求量.

　　与所选的三种对比结构相比,新提出的两种循环卷积硬件结构在硬件面积上的显著优势使得它在逻辑实现时具有更优的综合性能.

第6章 基于一阶矩的快速变换与计算

 变换是离散数据处理中最重要的操作之一[70-72]，在实际应用当中，我们分析一组信号时，经常需要对初始信号实施变换，变换之后的信号更有利于突显它的某些特性，利用这些特性可以对信号进行进一步的处理. 从几十年前的傅里叶变换[73-78]、卷积[79-81]、离散余弦变换[82-85]、离散正弦变换[86-87]、离散 W 变换[88-93]、离散 Hartley 变换[94-96]，到近代的小波变换[97]，都是将输入信号变换到另一个域上，从而得到信号能量分布的一些特性，利用这些特性可以对信号进行高效的处理. 例如，离散傅里叶变换、离散余弦变换通过对变换后的频域特征进行分析，以对信号进行识别、编码或者其他处理. 然而，在实际的操作过程中，根据定义方法计算变换往往需要较多的乘法和加法，增加了数据处理的时间，尤其是当初始数据比较大时，大规模的乘法和加法操作会严重降低系统的计算效率，难以满足速度要求较高的实时处理系统. 因此，研发出具有高效、快速以及硬件成本低的计算装置，实现对各种变换都适合的快速算法，对离散数据，特别是数字信号和数字图像处理技术的发展，具有重大的推动作用.

 另外在离散数据处理中，矩的计算也是一种常用的离散数据操作，由于一阶矩的结构比较简单，而且便于硬件实现，如果能够将一阶矩与这些变换相结合，将这些变换的计算转换为一阶矩的计算，则能消除这些变换的乘法运算，实现其并行操作，发明出更高效、易于实现、能够适用于不同场合的快速计算器.

 本章以离散 W 变换为例，来说明基于一阶矩的各种变换实现方法. 在基于一阶矩的离散 W 变换的算法中，根据对初始序列强度统计值和一阶矩的关系，把离散 W 变换转化为一阶矩的形式，这样所有用来计算一阶矩的结构都可以用来计算离散 W 变换.

6.1 基于一阶矩的离散 W 变换快速算法

 给定时域信号 $x(n)$, $n=0,1,\cdots,N-1$,其中 DWT 定义为

$$X(k)=\sqrt{\frac{2}{N}}\sum_{n=0}^{N-1}x(n)\sin\left[\frac{\pi}{4}+(n+\alpha)(k+\beta)\frac{2\pi}{N}\right], \quad k=0,1,2,\cdots,N-1$$

$$(6.1)$$

式中：α,β 为两个实数，分别称为时域参数 α 和频域参数 β，简记为 DWT(α,β)，当 (α,β) 取 $(0,0)$,$(1/2,0)$,$(0,1/2)$,$(1/2,1/2)$ 时，是实际中最常用的情形，分别记为 DWT-Ⅰ,DWT-Ⅱ,DWT-Ⅲ,DWT-Ⅳ. 当 N 取偶数时，长度为 N 的 DWT 可以分解

为两个长度为 $N/2$ 的 DWT 序列,这样做可以减少加法的计算量. 如果 N 为奇数,则可以通过补零和插值来使数据长度变为偶数. 关于分解长度为 N 的 DWT 有很多种方法,下面介绍一种方法.

1. 类型 DWT-Ⅰ 和类型 DWT-Ⅲ

DWT-Ⅲ 的定义为

$$X(k)=\sqrt{\frac{2}{N}}\sum_{n=0}^{N-1}x(n)\sin\left[\frac{\pi}{4}+n\left(k+\frac{1}{2}\right)2\pi/N\right],\quad k=0,1,2,\cdots,N-1 \tag{6.2}$$

对 $X(k)$ 的求和分成奇数下标和偶数下标,可以得

$$\begin{aligned}X(k)=&\sqrt{\frac{2}{N}}\sum_{n=0}^{\frac{N}{2}-1}x(2n)\sin\left[\frac{\pi}{4}+(2n)\left(k+\frac{1}{2}\right)2\pi/N\right]\\&+\sqrt{\frac{2}{N}}\sum_{n=0}^{\frac{N}{2}-1}x(2n+1)\sin\left[\frac{\pi}{4}+(2n+1)\left(k+\frac{1}{2}\right)2\pi/N\right]\end{aligned} \tag{6.3}$$

令

$$X^{(1)}(k)=\sum_{n=0}^{\frac{N}{2}-1}x(2n)\sin\left[\frac{\pi}{4}+(2n)\left(k+\frac{1}{2}\right)2\pi/N\right],\quad k=0,1,2,\cdots,\frac{N}{2}-1 \tag{6.4}$$

$$X^{(2)}(k)=\sum_{n=0}^{\frac{N}{2}-1}x(2n+1)\sin\left[\frac{\pi}{4}+(2n+1)\left(k+\frac{1}{2}\right)2\pi/N\right],\quad k=0,1,2,\cdots,\frac{N}{2}-1 \tag{6.5}$$

则 $X^{(1)}(k)$ 为一个长度为 $N/2$ 的 DWT-Ⅲ, $X^{(2)}(k)$ 为一个长度为 $N/2$ 的 DWT-Ⅳ,并且有

$$X(k)=\sqrt{\frac{2}{N}}\left[X^{(1)}(k)+X^{(2)}(k)\right] \tag{6.6}$$

$$X\left(k+\frac{N}{2}\right)=\sqrt{\frac{2}{N}}\left[X^{(1)}(k)-X^{(2)}(k)\right],\quad k=0,1,2,\cdots,\frac{N}{2}-1 \tag{6.7}$$

对于每个具体的 k,这个过程需要 N 次加法. 长度为 N 的 DWT-Ⅰ 可以按照同样方法分解,即

$$\begin{aligned}X(k)=&\sqrt{\frac{2}{N}}\sum_{n=0}^{\frac{N}{2}-1}x(2n)\sin\left[\frac{\pi}{4}+(2n)2\pi k/N\right]\\&+\sqrt{\frac{2}{N}}\sum_{n=0}^{\frac{N}{2}-1}x(2n+1)\sin\left[\frac{\pi}{4}+(2n+1)2\pi k/N\right]\end{aligned} \tag{6.8}$$

令

$$X'^{(1)}(k)=\sum_{n=0}^{\frac{N}{2}-1}x(2n)\sin\left[\frac{\pi}{4}+(2n)2\pi k/N\right],\quad k=0,1,2,\cdots,\frac{N}{2}-1 \tag{6.9}$$

$$X'^{(2)}(k) = \sum_{n=0}^{\frac{N}{2}-1} x(2n+1)\sin\left[\frac{\pi}{4} + (2n+1)2\pi k/N\right], \quad k = 0,1,2,\cdots,\frac{N}{2}-1$$

(6.10)

则长度为 N 的 DWT-I 分解为一个长度为 $N/2$ 的 DWT-I 和长度为 $N/2$ 的 DWT-II，且

$$X(k) = \sqrt{\frac{2}{N}}\left[X'^{(1)}(k) + X'^{(2)}(k)\right]$$

(6.11)

$$X\left(k + \frac{N}{2}\right) = \sqrt{\frac{2}{N}}\left[X'^{(1)}(k) - X'^{(2)}(k)\right], \quad k = 0,1,2,\cdots,\frac{N}{2}-1$$

(6.12)

对于每个具体的 k，这个过程需要 N 次加法.

2. 类型 DWT-II 和类型 DWT-IV

DWT-IV 的定义为

$$X(k) = \sqrt{\frac{2}{N}} \sum_{n=0}^{N-1} x(n)\sin\left[\frac{\pi}{4} + \left(n + \frac{1}{2}\right)\left(k + \frac{1}{2}\right)2\pi/N\right], \quad k = 0,1,2,\cdots,N-1$$

(6.13)

对于每一个确定的 k，式(6.13)可以分解为

$$\begin{aligned}
X(k) &= \sqrt{\frac{1}{N}}\left\{\sum_{n=0}^{N-1} x(n)\cos\left[(2n+1)(2k+1)\pi/2N\right]\right.\\
&\quad + \left.\sum_{n=0}^{N-1} x(n)\sin\left[(2n+1)(2k+1)\pi/2N\right]\right\}\\
&= \sqrt{\frac{1}{N}}\left\{\sum_{n=0}^{\frac{N}{2}-1}\left[x(n) + x(N-1-n)\right]\cos\left[(2n+1)(2k+1)\pi/2N\right]\right.\\
&\quad + \left.\sum_{n=0}^{\frac{N}{2}-1}\left[x(n) - x(N-1-n)\right]\sin\left[(2n+1)(2k+1)\pi/2N\right]\right\}
\end{aligned}$$

(6.14)

令 $$CX(k) = \sum_{n=0}^{\frac{N}{2}-1}\left[x(n) + x(N-1-n)\right]\cos\left[(2n+1)(2k+1)\pi/2N\right],$$
$$k = 0,1,2,\cdots,\frac{N}{2}-1$$

(6.15)

$$SX(k) = \sum_{n=0}^{\frac{N}{2}-1}\left[x(n) - x(N-1-n)\right]\sin\left[(2n+1)(2k+1)\pi/2N\right],$$
$$k = 0,1,2,\cdots,\frac{N}{2}-1$$

(6.16)

所以 DWT-IV 可以分解为长度为 $N/2$ 的 $CX(k)$ 和长度为 $N/2$ 的 $SX(k)$，其中

$$X(k) = \sqrt{\frac{1}{N}}\left[CX(k) + S(k)\right]$$

(6.17)

$$X(N-1-k)=\sqrt{\frac{1}{N}}[CX(N-1-k)-SX(N-1-k)], \quad k=0,1,2,\cdots,\frac{N}{2}-1$$

$$(6.18)$$

对于每个具体的 k,这个过程需要 $2N$ 次加法.DWT-Ⅱ 也可以按照同样的方式分解为一个长度为 $N/2$ 的 $C'X(k)$ 和一个长度为 $N/2$ 的 $S'X(k)$,即

$$X(k)=\sqrt{\frac{1}{N}}[C'X(k)+S'(k)] \qquad (6.19)$$

$$X(N-k)=\sqrt{\frac{1}{N}}[C'X(N-k)-S'X(N-k)], \quad k=0,1,2,\cdots,\frac{N}{2}-1 \quad (6.20)$$

其中

$$C'X(k)=\sum_{n=0}^{\frac{N}{2}-1}[x(n)+x(N-1-n)]\cos[(2n+1)k\pi/N], \quad k=0,1,2,\cdots,\frac{N}{2}-1$$

$$(6.21)$$

$$S'X(k)=\sum_{n=0}^{\frac{N}{2}-1}[x(n)-x(N-1-n)]\sin[(2n+1)k\pi/N], \quad k=0,1,2,\cdots,\frac{N}{2}-1$$

$$(6.22)$$

对于每个具体的 k,这个过程需要 $2N$ 次加法.长度为 $N/2$ 的 DWT-Ⅰ、DWT-Ⅱ、DWT-Ⅲ、DWT-Ⅳ、$CX(k)$、$SX(k)$、$C'X(k)$ 和 $S'X(k)$ 具有相同的形式,可以表示为

$$U(k)=\sum_{n=0}^{\frac{N}{2}-1}u(n)f_k(n), \quad k=0,1,2,\cdots,N/2-1 \qquad (6.23)$$

通过简单的数学替换把 $U(k)$ 的计算转化为一阶矩的计算.假设初始 $U(k)$ 都是整数(如果不是整数,可以量化取整),一共有 M 个强度等级,分别为 $0,1,\cdots,M-1$.根据 $U(k)$ 的值,我们把集合 $\{0,1,2,\cdots,N/2-1\}$ 分成 M 个互不相交的子集:

$$S_r=\{n\,|\,u(n)=r,n\in\{0,1,2,\cdots,N/2-1\}\}, \quad r=0,1,2,\cdots,M-1 \quad (6.24)$$

即 S_r 是这样一些下标的集合:它们对应的信号的大小都为 r.然后,根据输入 $\{u(n)\}$ 大小对式(6.23)进行同类项合并,即把输入 $u(k)$ 值大小相等的项并在一起,则

$$U(k)=\sum_{r=0}^{M-1}ra_r^k=\sum_{r=1}^{M-1}ra_r^k \qquad (6.25)$$

其中

$$a_r^k=\begin{cases}\sum_{n\in S_r}f_k(n), & S_r\neq\varnothing \\ 0, & 其他\end{cases}, \quad k=0,1,2,\cdots,N/2-1,r=0,1,2,\cdots,M-1$$

$$(6.26)$$

这样,我们就根据 $u(k)$ 大小完成了同类项的合并,而式(6.25)的右边就是一阶矩.通

过上述过程可以把 DWT 转化为一阶矩,而一阶矩可以采用脉动阵列来计算,所以整个 DWT 的计算过程可以分解为如下三步.

步骤 1:计算 $\{u(n)\}$ $(n=0,1,\cdots,N/2-1)$ 和 $\{a_r^k\}$ $(r=0,1,\cdots,M-1,k=0,1,2,\cdots,N/2-1)$.

步骤 2:利用脉动阵列计算一阶矩 $U(k)=\sum_{r=1}^{M-1}ra_r^k$ $(k=0,1,2,\cdots,N/2-1)$.

步骤 3:利用两个长度为 $N/2$ 的 DWT 序列计算长度为 N 的 DWT 序列.

下面我们分析整个算法的计算复杂度,令 S_U 表示计算 $U(k)$ 需要的加法个数.第一步主要是预处理过程,式(6.24)相当于一个直方图统计过程,统计有多少数值为 r 的 $u(n)$.令 n_r 表示集合 S_r 中项的个数,则对每个具体的 r,计算 a_r^k 需要 n_r-1 次加法,由于 $u(n)$ 的长度为 $N/2$,所以计算式(6.26)最多需要 $N/2-1$ 次加法.本节采用前面介绍的 1-网络法来计算一阶矩,则第二步最多需要 $3(M-2)$ 次加法计算 $\sum_{r=1}^{M-1}ra_r^k$,所以

$$S_U=N/2[(N/2-1)+3(\min(M,N/2)-2)]$$
$$=N^2/4-7N/2+3\min(M,N/2)N/2 \tag{6.27}$$

用 $A[L(N)]$ 表示计算长度为 N 的 DWT-L($L=$ Ⅰ,Ⅱ,Ⅲ,Ⅳ)需要的加法个数,则

$$A[\text{Ⅰ}(N)]=S_U+N=N^2/4-5N/2+3\min(M,N/2)N/2$$
$$A[\text{Ⅱ}(N)]=S_U+2N=N^2/4-3N/2+3\min(M,N/2)N/2$$
$$A[\text{Ⅲ}(N)]=S_U+N=N^2/4-5N/2+3\min(M,N/2)N/2$$
$$A[\text{Ⅳ}(N)]=S_U+2N=N^2/4-3N/2+3\min(M,N/2)N/2$$

下面设计一个脉动阵列计算 $\{U(k)\}$,它分成两部分:第一部分是一个线性阵列,用来计算 $\{a_r^k\}$;第二部分使用 1-网络来计算一阶矩.首先,为了实现单独一组序列 $\{a_r^k\}$ 的计算,提出了一种新的线性阵列.该阵列如图 6.1 所示,由 M 个累加器线性连接而成,分别标号为累加器 $r=(M-1),(M-2),\cdots,1$.使用时,在同一时钟周期 k,$f_k(n)$ 和 $u(n)$ 同时输入累加器阵列.如果输入的 $u(n)$ 值和阵列中累加器的标号相同(即 $u(n)=r$),则 $f_k(n)$ 就进入该累加器 r 中进行累加.因此,当所有的 $f_k(n)$ 和 $u(n)$

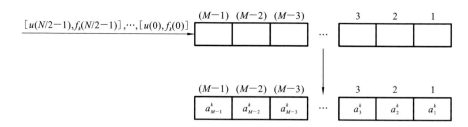

图 6.1　计算序列 $\{a_r^k\}$ 的线性阵列

输入完毕后,在各累加器中存储的值即为需要的序列$\{a_r^k\}$,如图 6.1 所示.该阵列需要 $N/2$ 个时钟周期才能产生出一组$\{a_r^k\}$.

为了能够在每个周期都产生一组序列$\{a_r^k\}$从而实现 a_r^k 的连续获取,需要将 $N/2$ 个类似于图 6.1 的阵列并行连接,建立如图 6.2 所示的脉动阵列.该阵列可连续产生 $\{a_r^0\}$,$\{a_r^1\}$,$\cdots$,$\{a_r^{N/2-1}\}$,吞吐率为 1 个结果/周期,延时为 $N/2$ 个周期,图 6.2 中还显示了数据的输入方法,符号"[ ]"里面的数字表示需要的时间延时,可用通过一定数量的寄存器实现.

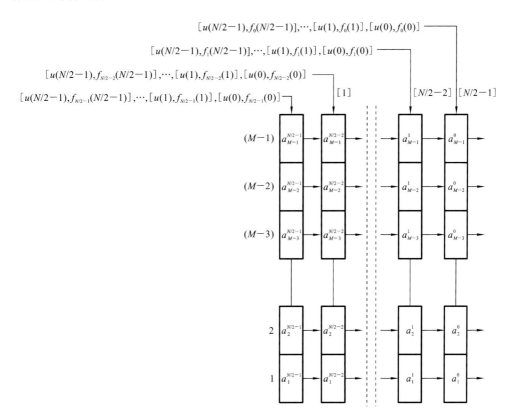

图 6.2　计算所有$\{a_r^k\}$的脉动阵列

综合计算$\{a_r^k\}$的脉动阵列和计算一阶矩的 1-网络,我们就可以用脉动阵列完整地计算$\{U(k)\}$,该阵列如图 6.3 所示,符号"[ ]"里面的数字表示需要的时间延时.

通过这个脉动阵列,我们可以流水线地实现$\{U(k)\}$的计算,当每一组系数计算完毕后,可以立即进行下面的计算,具有很高的效率.这里我们主要介绍一下数据$\{a_r^k\}$是如何进入 1-网络的,在预处理阶段已经由累加器计算出所有的$\{a_r^k\}$,详细过程

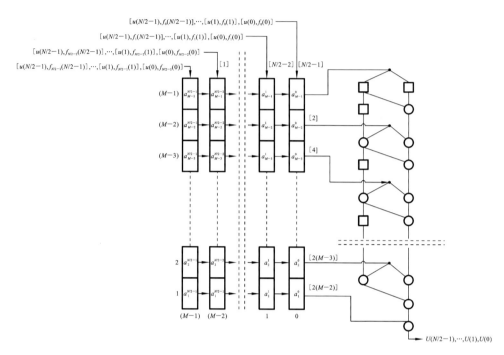

图 6.3　计算 $\{U(k)\}$ 的脉动阵列

如下:在第一个时钟周期数据 a_{M-1}^0 输入第一个 1-网络计算 $U(0)$;在第二个时钟周期,数据 a_{M-2}^0 输入第二个 1-网络,同时数据 a_{M-1}^1 输入阵列的 $(M-1,0)$ 位置;在第三个时钟周期,数据 a_{M-2}^1 输入阵列的 $(M-2,0)$ 位置,数据 a_{M-2}^2 输入阵列 $(M-1,1)$ 位置,同时数据 a_{M-1}^0 输入第一个 1-网络计算 $U(1)$;在第四个时钟周期,数据 a_{M-3}^0 输入到第三个 1-网络,同时数据从左到右流动;这个过程一直继续下去.经过 $2(M-2)$ 个时钟周期计算出 $U(0)$,紧接着 $U(1),\cdots,U(N/2-1)$ 一个接一个地输出,所以总共需要 $2(M-2)+N/2$ 个时钟周期计算出所有的 $\{U(k)\}$.

下面比较一下算法的复杂度,在这里我们主要根据基于高阶矩的方法、矩阵分解法、传统方法和分裂基的方法计算.通过表 6.1 和表 6.2 可以看出我们的方法不需要乘法,对于基于高阶矩的方法,当 $|x(n)|\leqslant256$ $(0\leqslant n\leqslant N-1)$, $N\leqslant2048$, $p=12$ 时, $|R_{k,p}|\leqslant4.009\times10^{-9}$,这个过程需要 $25N$ 个乘法和 $N(N-1)+351N(N-2)+26N$ 个加法,我们的方法比基于高阶矩的方法需要的加法次数要少很多.当序列 $\{u(k)\}$ 比较短时,我们的方法计算时间会更快.而且当 M 小于 N 时,我们的结构需要极少数的加法器和寄存器就能计算出 DWT.

一个算法的快慢主要依赖于算法的计算量和结构的复杂度,用一个简单的计算结构来实现算法变得越来越重要,考虑到这一点,我们的方法要比那些拥有更复杂结构的方法更快. 我们还在 Matlab 7.11、CPU 为 Intel 双核、频率为 2.8 GHz、操作系统为 Win 7 的计算机上测试了该方法对计算一个 N 点的 DWT 1000 次所需要的时间(秒),结果如图 6.4 所示,结果表明当信号强度在 8～64,信号长度小于 512 的情况下,我们的方法比基-2 的分裂基方法要快. 而且我们的方法比直接计算方法要快,虽然还是需要很多次加法,当 N 和 M 比较大时,我们可以把 N 和 M 分解成一些较小的数,这样可以大大减少加法计算量.

表 6.1　计算 DWT-I 和计算 DWT-III 复杂度比较

方　法		乘 法 个 数	加 法 个 数
我们的方法		0	$N^2/4-5N/2+3\min(M,N/2)N/2$
基于高阶矩的方法[98]		$(2p+1)N$	$N(N-1)+(2p+2)(2p+3)$ $(N-2)N/2+(2p+2)N$
参考文献[99]中的方法	DWT-I	$(N/4)(3\log_2 N-13)$ $+4\log_2 N-2$	$(N/4)(7\log_2 N-13)+4\log_2 N-2$
	DWT-III	$(3/4)N(\log_2 N-2)+4$	$(7/4)N(\log_2 N-1)+4$
参考文献[100]中的方法	DWT-III	$(N/2)(\log_2 N-1)$	$(N/2)(3\log_2 N-3)+4$
参考文献[101]中的方法	DWT-III	$N(\log_2 N-3/2)$	$\log_2 N(2N-1)-3N+2$

表 6.2　计算 DWT-II 和计算 DWT-IV 复杂度比较

方　法		乘 法 个 数	加 法 个 数
我们的方法		0	$N^2/4-3N/2+3\min(M,N/2)N/2$
基于高阶矩的方法[98]		$(2p+1)N$	$N(N-1)+(2p+2)$ $(2p+3)(N-2)N/2+(2p+2)N$
参考文献[99]中的方法	DWT-II	$(3/4)N(\log_2 N-2)+4$	$(7/4)N(\log_2 N-1)+4$
	DWT-IV	$N(3\log_2 N-1)/4$	$N(7\log_2 N-1)/4$
参考文献[100]中的方法	DWT-II	$(N/2)(\log_2 N-1)$	$(N/2)(3\log_2 N-3)+4$
	DWT-IV	$(N/2)(\log_2 N+1)$	$(N/2)(3\log_2 N-1)+8$

我们的方法有很多显著的优点,与传统的方法不同,我们的方法通过一阶矩来计算 DWT,整个计算过程不需要乘法. 因为我们的方法不需要泰勒展开,所以我们的方法比基于高阶矩的方法要精确. 并且我们的方法可以通过简单的脉动阵列实现,便于在 VLSI 上实施. 最后我们的方法计算结构比较简单,可以处理任意长度的信号.

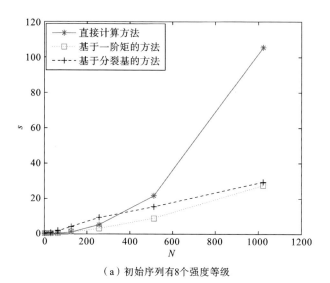

（a）初始序列有8个强度等级

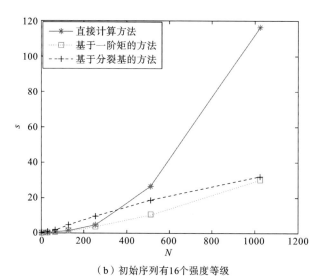

（b）初始序列有16个强度等级

图 6.4 不同算法运行时间比较

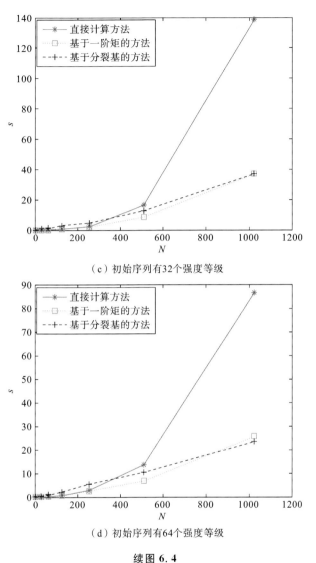

（c）初始序列有32个强度等级

（d）初始序列有64个强度等级

续图 6.4

6.2　基于一阶矩的其他变换

变换是离散数据处理中最重要的操作之一,在实际的操作过程中,根据定义方法计算变换往往需要较多的乘法和加法,增加了数据处理的时间,尤其是当初始数据比较大时候,大规模的乘法和加法操作会严重降低系统的计算效率,难以满足速度要求较高的实时处理系统.因此,研发出具有高效、快速以及硬件成本低的计算装置,实现傅里叶变换、余弦变换、正弦变换、离散 Hartley 变换等操作的快速计算,对离散数据,特别是数字信号和数字图像处理技术的发展,具有重大的推动作用.在本节中我们尝试将其他的变换转化为一阶矩的形式,并分析它们的复杂度.

6.2.1　基于一阶矩的离散傅里叶变换

离散傅里叶变换(DFT)是数字信号处理领域一个重要的分析工具,傅里叶分析方法在通信、力学、声学、光学、图像等工程技术领域有着广泛应用.虽然近年来计算机处理速度有了很大的发展,但是离散傅里叶变换的快速算法在实际应用中仍然发挥着重要作用,目前关于这方面的研究仍在不断更新与发展.目前快速傅里叶变换的研究主要有两类:一类根据傅里叶变换旋转因子的周期性来减少运算量;另一类通过在硬件上设计实现 DFT 的超大规模集成电路来提高运行速度.

1965 年,Cooley 等人提出了 DFT 的快速算法,该算法利用傅里叶变换旋转因子的周期性和对称性,把长序列 DFT 分解成一些短序列 DFT,最后使得 N 点 DFT 的乘法运算量从 N^2 次降低到 $(N/2)\log_2 N$ 次.在这以后又出现了一些基于基4、基8等新的算法[102-104],这些算法结构对称,易于在硬件上实现.但是这些算法对初始信号长度有限制,还不能处理任何长度的信号的傅里叶变换.此外,研究者还设计了不少计算 DFT 的结构用来提高计算速度.由于脉动阵列结构简单,具有模块化特性,非常适合在大规模集成电路或者 FPGA 上实现 DFT 的快速算法.最开始出现的是线性阵列,它的运算量为 $O(N^2)$[105,106],接着又有人设计出大小为 $N_1 \times N_2$ 的二维脉动阵列,使得运算量减少到 $O(N(N_1 + N_2))$[107,108],该方法后来又得到不断改进[109-112].另外还出现了一些基于内存的 VLSI 结构,这些结构都通过对 N 进行分解来提高运算效率.本节提出了无乘法实现 DFT 的新算法,通过简单数学公式推导,把 DFT 的计算转化为离散一阶矩形式.

长度为 N 的信号样本 $x(0),x(1),\cdots,x(N-1)$ 的离散傅里叶变换定义为

$$X(k) = \sum_{r=0}^{N-1} x(r)W_N^{-nk}, \quad k = 0,1,2,\cdots,N-1, W_N = \mathrm{e}^{-\mathrm{j}\frac{2\pi}{N}} \tag{6.28}$$

式中:$W_N^{nk} = \mathrm{e}^{-\mathrm{j}(2\pi nk/N)}$ 为旋转因子.实际应用中信号可以被采样量化为多个等级,假设一共可以分为 M 级.依此可以将输入信号的下标划分为一簇互不相交的子集,S_i 中包含的所有元素对应的输入信号强度均为 i:

$$S_i = \{n \mid x(n) = i, n \in \{0,1,2,\cdots,N-1\}\}, \quad i = 0,1,2,\cdots,M-1 \tag{6.29}$$

对式(6.28)的右边根据式(6.29)进行同类项合并,可转换为

$$X(k) = \sum_{i=1}^{M-1} ib_i^k \tag{6.30}$$

式中:$b_i^k = \begin{cases} \sum_{n \in S_i} W_N^{nk}, & S_i \neq \varnothing \\ 0, & S_i = \varnothing \end{cases}$,$k = 0,1,2,\cdots,N-1$.显然式(6.30)的右边是一阶

矩的离散形式,DFT 运算转化为一阶矩表达式.该算法包括了两部分:一部分用来统计$\{b_i^k\}$,另一部分用来计算一阶矩.此时的一阶矩可以采用本章 6.2.5 节提出的结构进行计算,通过 6.2.6 节的分析可得基于一阶矩的离散傅里叶变换加法计算量为 $N(N+M-3)$.

6.2.2　基于一阶矩的离散余弦和正弦变换

离散余弦变换(DCT)和离散正弦变换(DST)是实数域内定义的变换,DCT 最早由 Ahmed 等三位学者于 1974 年提出(按定义分类为 DCT-Ⅱ),之后 Jain 提出了 DST-Ⅰ,在二十世纪七十年代中期各种类型的离散余弦变换以及正弦变换陆续被定义.虽然这两类变换晚于早先提出并已经成为学术界研究热点的傅里叶变换,但在利用傅里叶变换处理实信号时发现一些问题:不仅需要用到复数计算,而且乘法计算量也偏大,而对于实数域定义的 DCT 和 DST 正好可以避免复数计算的问题.

正是由于 DCT 和 DST 固有的特性和广泛应用,对于这类变换的快速算法的研究显得尤为重要.目前已有一些 DCT 和 DST 的快速算法,但很多只是基于理论的推导和分析,需要较多的乘法计算;而且有的算法实现比较困难,或者实现结构较复杂且不规整,不利于超大规模集成电路(VLSI)实现,尤其是在特定应用条件下,系统硬件的存储、功耗和面积等资源有限,计算时间要求也更加苛刻,这样选择一个计算复杂度低、硬件实现简单、效率高、能达到应用系统要求的算法就很重要.本节正是基于这样的目标,提出了一种新的基于一阶矩的无乘法算法.

离散余弦变换和正弦变换是在实数域中提出的正交变换,非常适合实信号的分析,可以归纳为四类,下面给出了各类变换的定义和变换矩阵.记 $x(n)$ 为 N 点实信号序列,$C^j(k)(j=Ⅰ,Ⅱ,Ⅲ,Ⅳ)$ 为变换域系数,则各类 DCT 变换和 DST 变换的定义如式(6.31)~式(6.39).

DCT-Ⅰ:
$$C^Ⅰ(k) = a_k \sqrt{\frac{2}{N}} \sum_{n=0}^{N} a_n x(n) \cos\frac{nk\pi}{N}, \quad k=0,1,\cdots,N \quad (6.31)$$

DCT-Ⅱ:
$$C^Ⅱ(k) = a_k \sqrt{\frac{2}{N}} \sum_{n=0}^{N-1} x(n) \cos\frac{k(2n+1)\pi}{2N}, \quad k=0,1,\cdots,N-1 \quad (6.32)$$

DCT-Ⅲ:
$$C^Ⅲ(k) = \sqrt{\frac{2}{N}} \sum_{n=0}^{N-1} a_n x(n) \cos\frac{(2k+1)n\pi}{2N}, \quad k=0,1,\cdots,N-1 \quad (6.33)$$

DCT-Ⅳ:
$$C^Ⅳ(k) = \sqrt{\frac{2}{N}} \sum_{n=0}^{N-1} x(n) \cos\frac{(2k+1)(2n+1)\pi}{4N}, \quad k=0,1,\cdots,N-1 \quad (6.34)$$

上面各式中

$$a_j = \begin{cases} 1, & j \neq 0 \text{ 及 } j \neq N \\ \dfrac{1}{\sqrt{2}}, & j = 0 \text{ 或 } j = N \end{cases} \tag{6.35}$$

相应地,四类 DST 变换定义为

DST-Ⅰ:

$$S^{\mathrm{I}}(k) = a_k \sqrt{\frac{2}{N}} \sum_{n=1}^{N} x(n) \sin \frac{kn\pi}{N}, \quad k = 0, 1, \cdots, N-1 \tag{6.36}$$

DST-Ⅱ:

$$S^{\mathrm{II}}(k) = a_k \sqrt{\frac{2}{N}} \sum_{n=1}^{N} x(n) \sin \frac{k(2n-1)\pi}{2N}, \quad k = 0, 1, \cdots, N \tag{6.37}$$

DST-Ⅲ:

$$S^{\mathrm{III}}(k) = \sqrt{\frac{2}{N}} \sum_{n=1}^{N} a_n x(n) \sin \frac{(2k-1)n\pi}{2N}, \quad k = 0, 1, \cdots, N \tag{6.38}$$

DST-Ⅳ:

$$S^{\mathrm{IV}}(k) = \sqrt{\frac{2}{N}} \sum_{n=0}^{N-1} x(n) \sin \frac{(2k+1)(2n+1)\pi}{4N}, \quad k = 0, 1, \cdots, N-1 \tag{6.39}$$

在实际应用中,DCT-Ⅱ、DCT-Ⅲ的应用最为广泛,如在 JPEG 视频压缩中 DCT-Ⅱ的应用.此外,DCT-Ⅲ与 DCT-Ⅱ,DST-Ⅲ与 DST-Ⅱ互为逆运算,本节主要选取了 DCT-Ⅱ进行讨论.由于变换矩阵中的 $\sqrt{\dfrac{2}{N}}$ 和 a_k 可以放在最后一起计算,我们可以先考虑其简化形式:

$$C(k) = \sum_{n=0}^{N-1} x(n) \cos \frac{k(2n+1)\pi}{2N}, \quad k = 0, 1, \cdots, N-1 \tag{6.40}$$

假定输入信号 $x(n)$ 都是 $0 \sim M-1$ 的整数值,M 为输入信号的最大强度等级.对于图像数据来说,M 即为图像的最大灰度级,如 256 灰度图像像素值构成的信号有 $M = 256$.

第一步:根据输入信号的大小将输入信号的索引值重新划分为 M 个集合.集合的定义如下:

$$\mathrm{Index}x_m = \{n \mid x(n) = m, n \in \{0, 1, 2, \cdots, N-1\}\}, \quad m = 0, 1, 2, \cdots, M-1 \tag{6.41}$$

第二步:由新集合 $\mathrm{Index}x_m$ 计算余弦因子形成的和序列 b_m^k,公式表示为

$$b_m^k = \begin{cases} \displaystyle\sum_{n \in \mathrm{Index}x_m} \cos\left(\frac{\pi(2n+1)k}{2N}\right), & \mathrm{Index}x_m \neq \varnothing \\ 0, & \text{其他} \end{cases}, \quad \begin{array}{l} k = 0, 1, \cdots, N-1, \\ m = 0, 1, \cdots, M-1 \end{array} \tag{6.42}$$

式(6.42)类似一个直方图统计过程,根据信号值的大小合并相应的余弦因子.因为余

弦因子与具体的信号值无关,可以预先保存,即前面两步的统计过程可以通过加法实现.

第三步:比较我们生成的新序列和 DCT-Ⅱ 定义式(式(6.40)),根据式(6.41)和式(6.42)对式(6.40)进行同类项合并可以得

$$C(k) = \sum_{n=0}^{N-1} x(n)\cos\left(\frac{k(2n+1)\pi}{2N}\right) = \sum_{m=0}^{M-1} mb_m^k = \sum_{m=1}^{M-1} mb_m^k, \quad k = 0,1,\cdots,M-1$$

$$(6.43)$$

式(6.43)的右边是一阶矩的离散形式,可以看到通过简单的数学公式推导 DCT-Ⅱ 可以转化为一阶矩,而其他类型的 DST 和 DCT 也可以采用类似的方式转化为一阶矩.该算法包括了两部分:一部分用来统计 $\{b_m^k\}$,另一部分用来计算一阶矩.统计 $\{b_m^k\}$ 的加法计算量最多为 $N(N-M+1)$,此时的一阶矩可以采用本章 6.2.5 节提出的结构进行计算,通过 6.2.6 节的分析可得基于一阶矩的离散余弦变换加法计算量为 $N(N+M-3)$.

6.2.3　基于一阶矩的离散 Hartley 变换

自从 1983 年 Bracewell 提出了离散 Hartley 变换(DHT)快速算法,它广泛应用于信息与信号处理领域,这是因为 DHT 仅仅涉及实数运算,正、反变换核函数形势相同,另外 DHT 与离散正弦变换、离散余弦变换、傅里叶变换关系密切.它的计算速度比傅里叶变换快,因为实数运算所需的内存仅是复数的一半,所以在任何以傅里叶变换为计算工具的数据处理过程中(如滤波、正演模拟和偏移等),用 Hartley 变换代替傅里叶变换,不仅速度快,而且节省内存.近年来,DHT 广泛用于声信号的频谱分析、离散卷积与相关、语音识别、自适应滤波等许多方面.

对于实数序列 $x(n)$ $(0 \leqslant n \leqslant N-1)$,DHT 定义如下:

$$X(k) = \sum_{n=0}^{N-1} x(n)\text{cas}\left(\frac{2\pi nk}{N}\right), \quad k = 0,1,\cdots,N-1 \qquad (6.44)$$

式中:$\text{cas}(a) = \cos(a) + \sin(a)$.与其他变换转化为一阶矩的方法类似,我们同样可以通过一系列的替换,把式(6.44)转化为一阶矩的形式,首先根据输入序列 $x(n)$ 的取值,将指标集 $\{0,1,2,\cdots,N-1\}$ 分成 M 个互不相交的子集,即

$$S_r = \{n \mid u(n) = r, n \in \{0,1,2,\cdots,N-1\} | \}, \quad r = 0,1,\cdots,M-1 \qquad (6.45)$$

也就是说 S_r 是对应信号 $x(i)$ 大小均为 r 的一些正整数的集合.根据输入信号的大小,对式(6.44)的右边进行合并,即把输入信号中相同的项合并到一起,则式(6.44)可化为

$$X(k) = \sum_{n=0}^{N-1} x(n)\text{cas}\left(\frac{2\pi nk}{N}\right) = \sum_{r=0}^{M-1} ra_r^k = \sum_{i=1}^{M-1} ra_r^k \qquad (6.46)$$

其中

$$a_r^k = \begin{cases} \sum_{n \in S_r} \mathrm{cas}\left(\dfrac{2\pi nk}{N}\right), & S_r \neq \varnothing \\ 0, & \text{其他} \end{cases}, \quad \begin{array}{l} k = 0,1,2,\cdots,N-1, \\ r = 0,1,2,\cdots,M-1 \end{array} \tag{6.47}$$

根据式(6.46)和式(6.47)，我们完成了把 DHT 的计算转化为一阶矩的计算. 该算法包括了两部分：一部分用来统计$\{a_r^k\}$，另一部分用来计算一阶矩. 此时的一阶矩可以采用本章 6.2.5 节提出的结构进行计算，通过 6.2.6 节的分析可得基于一阶矩的离散 Hartley 变换总的加法计算量为 $N(N+M-3)$.

6.2.4　基于一阶矩的内积计算

作为计算两组数据的乘积累加和，内积已成为离散数据处理中最重要的操作之一. 目前很多重要的基本数据操作，如数字卷积、相关、变换等，其本质都是通过内积计算实现. 然而，在实际的操作过程中，根据定义方法计算内积往往需要较多的乘法和加法，增加了数据处理的时间，尤其是当内积长度较大时，大规模的乘法和加法操作会严重降低系统的计算效率，难以满足速度要求较高的实时处理系统. 因此，研发出具有高效、快速以及硬件成本低的内积计算装置，实现变换、卷积、相关等操作的快速计算，对离散数据，特别是数字信号和图像处理技术的发展，具有重大的促进作用. 它可减少数据的处理时间和功耗，提高处理器的实时性能，尤其适用于大规模、高复杂度的数据计算场合.

目前，国内外已经出现许多针对不同内积的快速计算方法[113-120]. 在各种变换中，使用快速变换方法可有效减少乘法和加法数量. 然而，在这些的内积算法中，一种方法往往只能针对一种或几种形式的内积，如快速 DFT 不能直接用于 DWT，卷积的分解算法不能直接应用于 DFT. 到目前为止，还未出现一种非常高效的方法，可以使用统一的计算形式，即能够对所有不同形式的内积进行快速运算.

另一方面，超大规模集成电路(VLSI)已经被广泛地应用于内积计算. 其中脉动阵列因为结构单一、易于控制、能够进行流水作业，而成为一种高效、普遍的内积计算器. 然而，大部分的内积计算器，一种计算器往往只能针对一种或几种形式的内积，如 DCT 的脉动阵列无法执行卷积. 还未出现一种形式统一的内积计算器，可以使用完全一样的脉动阵列，对所有不同形式的内积进行运算.

在离散数据处理中，矩的计算也是一种常用的离散数据操作，目前已提出了许多关于矩的无乘法快速算法，以及根据这些算法设计的计算器. 如果能够将矩与内积结合，将内积计算转换为矩的计算，则能消除内积的乘法运算，实现其并行操作，发明出更为高效、易于实现、能够适用于不同场合的快速内积计算器.

首先假设长度为 N 的数字序列$\{f(i)\}$，取值范围 $f(i) \in \{0,1,2,\cdots,M-1\}$. 然后定义内积为

$$X(k) = \sum_{i=0}^{N-1} f(i)g(i), \quad k = 0,1,\cdots,N-1 \tag{6.48}$$

式中：$\{g(i)\}$可为任何形式的离散序列(整型、浮点实数型、复数型等). 例如，① $g(i)$为随机数据，式(6.48)为一般的乘积合运算；② $g(i) = e^{-j2\pi i/N}$，$X(k)$为离散 DFT 在 k 点的取值；③ $g(i) = \cos\dfrac{\pi(2i+1)n}{2N}$，$X(k)$为离散 DCT 在 k 点的取值；④ $g(i) = h(n-i)$，而$\{h(i)\}$为离散序列，$X(k)$为$\{f(i)\}$和$\{h(i)\}$在 k 点的卷积.

通过一系列变换，我们可以把式(6.48)转化为一阶矩的形式. 首先，根据输入信号 $f(i)$ 的取值，将指标集$\{0,1,2,\cdots,N-1\}$分成 M 个互不相交的子集，即

$$S_r = \{i \mid f(i) = r, i \in \{0,1,2,\cdots,N-1\}\}, \quad r = 0,1,2,\cdots,M-1 \tag{6.49}$$

S_r 也可认为是这样一些正整数 i 的集合：它们所对应的信号 $f(i)$ 的大小均为 r. 然后，根据输入信号的大小对式(6.48)的右边进行同类项合并，即把输入信号$\{f(i)\}$中相等的项合并在一起，则式(6.48)可以重写为

$$X(k) = \sum_{r=0}^{M-1} a_r r = \sum_{r=1}^{M-1} a_r r, \quad k = 0,1,\cdots,N-1 \tag{6.50}$$

其中

$$a_r = \begin{cases} \sum_{i \in S_r} g(i), & S_r \neq \varnothing \\ 0, & \text{其他} \end{cases}, \quad r = 0,1,2,\cdots,M-1 \tag{6.51}$$

根据式(6.50)和式(6.51)，我们完成了内积中输入信号的同类项合并，显然式(6.51)的右边即为所谓的一阶矩. 该算法包括了两部分：一部分用来统计$\{a_r\}$，另一部分用来计算一阶矩. 此时的一阶矩可以采用 6.2.5 节提出的结构进行计算，通过 6.2.6 节的分析可得基于一阶矩的内积总的计算量为 $N(N+M-3)$.

6.2.5　一种新的计算一阶矩的快速算法

现有矩特征的快速计方法大部分都需要乘法，并且计算结构复杂，硬件实现较为烦琐，为了加快矩特征计算速度，本节采用一种新的一阶矩的计算方法，我们对一阶矩的公式进行进一步化简，得

$$X(k) = \sum_{i=1}^{M-1} r a_r^k$$
$$= a_{M-1}^k + (a_{M-1}^k + a_{M-2}^k) + \cdots + (a_{M-1}^k + a_{M-2}^k + \cdots + a_1^k), \quad k = 0,1,\cdots,N-1 \tag{6.52}$$

为了进一步简化式(6.52)，定义中间序列$\{b_i^k\}$ $(i = 1,2,\cdots,M-1)$如下：

$$b_{M-1}^k = a_{M-1}^k$$
$$b_{M-2}^k = a_{M-1}^k + a_{M-2}^k = b_{M-1}^k + a_{M-2}^k$$
$$\vdots$$

$$b_{M-i}^k = a_{M-1}^k + a_{M-2}^k + \cdots + a_{M-i}^k = b_{M-i+1}^k + a_{M-i}^k$$

$$\vdots$$

$$b_2^k = a_{M-1}^k + a_{M-2}^k + \cdots + a_2^k = b_3^k + a_2^k$$

$$b_1^k = a_{M-1}^k + a_{M-2}^k + \cdots + a_1^k = b_2^k + a_1^k \tag{6.53}$$

则 $X(k)$ 等于 $\{b_i^k\}$ 之和,即

$$X(k) = \sum_{i=1}^{M-1} r a_r^k = \sum_{i=1}^{M-1} b_i^k \tag{6.54}$$

所以对式(6.54)的计算可以用两个加法器实现,第一个加法器循环迭代计算中间序列 $\{b_i^k\}$,第二个加法器循环迭代计算 $\sum_{i=1}^{M-1} b_i^k$,根据上述分析,设计矩特征值的计算结构图,如图 6.5 所示.

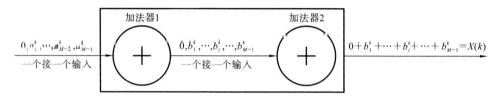

图 6.5　一阶矩的计算结构图

用 T_i 和 Y_i 分别表示这两个加法器的输出,设置一个加法具有一个时钟的延时,则式(6.54)的计算过程如表 6.3 所示,通过表 6.3 可以得到,对于每一个 $X(k)$ 计算一阶矩最多需要 $2M-4$ 个加法,整个一阶矩的计算过程需要 $N(2M-4)$ 个加法.

表 6.3　一阶矩的计算过程

	T_i	Y_i
时钟 1	$T_1 = a_{M-1}^k$	$Y_1 = 0$
时钟 2	$T_2 = T_1 + a_{M-2}^k$	$T_2 = T_1 = b_{M-1}^k$
$\vdots$	$\vdots$	$\vdots$
时钟 i	$T_i = T_{i-1} + a_{M-i}^k$	$Y_i = T_{i-1} + Y_{i-1} = \sum_{i=M-i+1}^{M-1} b_i^k$
$\vdots$	$\vdots$	$\vdots$
时钟 $M-2$	$T_{M-2} = T_{M-3} + a_2^k$	$Y_{M-2} = T_{M-3} + Y_{M-3} = \sum_{i=3}^{M-1} b_i^k$
时钟 $M-1$	$T_{M-1} = T_{M-2} + a_1^k$	$Y_{M-1} = T_{M-2} + Y_{M-2} = \sum_{i=2}^{M-1} b_i^k$
时钟 M	$T_M = T_{M-1}$	$Y_M = T_{M-1} + Y_{M-1} = \sum_{i=1}^{M-1} b_i^k$

6.2.6 算法计算复杂度分析

下面以本节提出的基于一阶矩的离散余弦变换为例,分析提出的算法的复杂度.根据式(6.42)和式(6.43)可以发现,提出的算法包括了两个部分:一部分用来统计 $\{b_m^k\}$,另一部分用来计算一阶矩.

第一部分是预处理过程,式(6.42)实际上是统计有多少个 m 对应的余弦项需要累加的过程,假设每一个灰度级对应的信号都存在,我们用 n_m 来表示集合 $\mathrm{Index}x_m$($m=0,1,\cdots,M-1$)中有多少项.对于每一个 m,式(6.43)相当于将 $\mathrm{Index}x_m$ 集合中所有项进行累加,其中计算每个 b_m^k 最多需要 n_m-1 次加法,第一部分加法次数为

$$N\times[(n_1-1)+(n_2-1)+\cdots+(n_{M-1}-1)]=N\times[(n_1+n_2+\cdots+n_{M-1})-M+1]$$
$$=N(N-M+1) \tag{6.55}$$

对于第二部分,当每一个灰度级对应的信号都存在时,$\mathrm{Index}x_m$($m=0,1,\cdots,M-1$)不等于空集,对于每一个 $C(k)$,采用本节提出的方法计算一阶矩需要 $2M-4$ 次加法.所以,当每一个灰度级对应的信号都存在时,整个算法的加法个数为

$$N\times((N-M+1)+(2M-4))=N(N+M-3) \tag{6.56}$$

对于其他情况,整个算法的加法个数仍然为 $N(N+M-3)$,例如,当某一个灰度级的信号没有时,根据式(6.55),第一部分会增加 N 个加法,但是第二部分式(6.56)中会减少 N 个加法,所以总的加法数量不变.

6.3 本章小结

本章首先介绍了基于高阶矩的 DWT 快速算法,通过简单的数学替换,把 DWT 的计算转化成一阶矩的计算,然后利用一阶矩的快速算法计算 DWT.提出的算法在计算时间上优势明显,计算结构简单,不需要乘法,此外,该方法也可以应用于其他所有具有内积形式的变换中.基于一阶矩的快速算法有如下优点:使用完全统一的形式计算变换,不需要改变结构;完全没有乘法操作,只包含加法操作,计算结构非常简单.计算既可以通过脉动阵列实现,也可以通过软件程序实现.计算具有高度的并行性,各个并行分支均可独立进行计算,不需要通信或者传递数据和信息.

参考文献

[1] M K Hu. Pattern recognition by moment invariants[J]. Proc. IRE, 1961, 49: 1428.

[2] C H Teh, R T Chin. On image analysis by the method of moments[J]. IEEE Trans. Pattern Anal. Mach. Intell., 1988, 10:496-513.

[3] A Khotanzad, Y H Hong. Invariant image recognition by Zernike moments [J]. IEEE Trans. Pattern Anal. Mach. Intell., 1990, 12:489-497.

[4] Y S Abu-Mostafa, D Psaltis. Image normalization by complex moments[J]. IEEE Trans. Pattern Anal. Mach. Intell., 1985, 7: 46-55.

[5] Y S Abu-Mostafa, D Psaltis. Recognitive aspects of moment invariants[J]. IEEE Trans. Pattern Anal. Mach. Intell., 1984, 6:698-706.

[6] Y J Li. Reforming the theory of invariant moments for pattern recognition[J]. Pattern Recognition, 1992, 25:723-730.

[7] J Flusser, T Suk. Pattern recognition by affine moment invariants[J]. Pattern Recognition, 1993, 26:167-174.

[8] M F Zakaria, L J Vroomen, P J A Zsombar-Murray, et al. Fast algorithm for computation of moment invariants [J]. Pattern Recognition, 1987, 20: 639-643.

[9] Mo Dai, P Baylou, M Najim. An efficient algorithm for computation of shape moment from run-length codes or chain codes[J]. Pattern Recognition, 1992, 25: 1119-1128.

[10] X Y Jiang, H Bunke. Simple and fast computation of moments[J]. Pattern Recognition, 1991, 24: 801-806.

[11] B C Li. High-order moment computation of gray-level images[J]. IEEE Trans. Image Process, 1995, 4(4): 502-505.

[12] M Hatamian. A real time two-dimensional moment generating algorithm and its single chip implementation [J]. IEEE Trans. Acoust Speech Signal Process, 1986, 34:546-553.

[13] K Chen. Efficient parallel algorithms for the computation of two-dimension image moments[J]. Pattern Recognition, 1990, 23:109-119.

[14] F H Y Chan, F K Lam, H F Li, et al. An all adder systolic structure for fast

computation of moments[J]. Journal of VLSI Signal Processing, 1996, 12(2):159-175.

[15] F A Sadjadi, E L Hall. Three-dimensional moment invariants[J]. IEEE Trans. Pattern Anal. Mach. Intell., 1980, 2: 127-136.

[16] D Cyganski, J A Orr. Application of tensortheory to objet recognition and orientation determination[J]. IEEE Trans. Pattern Anal. Mach. Intell., 1985, 7:662-673.

[17] B Bamieh, R De Figueiredo. A general moment-invariants/attributed-graph method for 3-D object recognition from a single image[J]. IEEE J. Robotics Automation, 1986, RA-2(1):31-41.

[18] C H Lo, H S Don. 3-D moment forms: their construction and application to object identification and positioning[J]. IEEE Trans. Pattern Anal. Mach. Intell., 1989, 11:1053-1064.

[19] V Markaney, R J P de Figueiredo. Robot sensing techniques based on high-dimensional moment invariants and tensors[J]. IEEE J. Robotics Automation, 1992, 2:186-195.

[20] L M Luo, C Hamitouche, J L Dillenseger, et al. A moment-based three-dimensional edge operator[J]. IEEE Trans. Biomedical engineering, 1993, 40: 693-703.

[21] D Cyganski. Solving for the general linear transformation relating 3-D objects from the minimum moments[J]. SPIE Intelligence Robots Comput. Vision, 1989, 1002:204-211.

[22] M Hatamian. A real time two-dimensional moment generating algorithm and its single chip implementation [J]. IEEE Trans. Acoust Speech Signal Process, 1986, 34:546-553.

[23] B C Li, J Shen. Pascal triangle transform approach to the calculation of 3D moments[J]. GVGIP: Graphical Model and Image Processing, 1992, 54:301-307.

[24] A P Arya. Introduction to classical mechanics[M]. Boston: Allyn and Bacon, 1990, 324-334.

[25] H C Ohanian. Physics[M]. New York: W W Norton & Company, Inc., 1989. 303-309.

[26] K L Chung. A course in probability[M]. New York: Harcourt, Bruce & World, Inc., 1968, 44-47.

[27] D Kincaid, W Cheney. Numerical analysis[M]. Wadsworth, Inc., 1991,

456-465.

[28] J G Liu, F H Y Chan, F K Lam, et al. A novel approach to fast calculation of moments of 3D gray level images[J]. Parallel Computing, 2000, 26(6): 805-815.

[29] Q Liu, V Kreinovich. Fast convolution and Fast Fourier Transform under interval and fuzzy[J]. Journal of Computer and System Sciences, 2010, 76: 63-76.

[30] 郑宝周, 陈铁军, 李辉. 一种基于多项式变换的快速卷积算法[J]. 微计算机信息, 2005, 21(12-1): 122-124.

[31] M J Narasimha. Linear Convolution Using Skew-Cyclic Convolutions[J]. IEEE Signal Processing Letters, 2007, 14(3): 173-176.

[32] C Cheng, K K Parhi. Hardware efficient fast DCT based on novel cyclic convolution structures[J]. IEEE Trans. Signal Processing, 2006, 54(11): 4419-4434.

[33] H C Chen, J I Guo, T S Chang, et al. A Memory-Efficient Realization of Cyclic Convolution and Its Application to Discrete Cosine Transform[J]. IEEE Trans. Circuits Syst for Video Technol, 2005, 15(3): 445-453.

[34] P K Meher. Hardware-Efficient Systolization of DA-Based Calculation of Finite Digital Convolution[J]. IEEE Trans. Circuits Syst. II, Exp. Briefs, 2006, 53(8): 707-711.

[35] J G Liu, H F Li, F H Y Chan, et al. A novel approach to fast discrete Fourier transform[J]. Journal of Parallel and Distributed Computing, 1998, 54: 48-58.

[36] J G Liu, C Pan, Z B Liu. Novel Convolutions Using First-Order Moment[J]. IEEE Transactions on Computers, 2012, 61(7): 1050-1056.

[37] T Lundy, J V Buskirk. A new matrix approach to real FFTs and convolutions of length 2^k[J]. Journal of Computing, 2007, 80: 23-45.

[38] C Pan, Z C Lv, X Hua, et al. The Algorithm and Structure for Digital Normalized Cross-correlation by using First-order Moment[J]. Sensors, 2020, 20(5): 1353, 2020.

[39] J C Yoo, B D Choi, H K Choi. 1-D fast normalized cross-correlation using additions[J]. Digit. Signal. Process, 2010, 20: 1482-1493.

[40] A Kaso, Y Li. Computation of the normalized cross-correlation by fast Fourier transform[J]. PLoS ONE, 2018, 13(9): e0203434.

[41] R E Blahut. Fast Algorithms for Digital Signal Processing[M]. Addison-Wes-

ley: Reading, MA, USA, 1984.

[42] P K Meher, S Y Park. A novel DA-based architecture for efficient computation of inner-product of variable vectors[C]. In Proceedings of the 2014 IEEE International Symposium on Circuits and Systems, Melbourne, Australia, 2014: 369-372.

[43] R C Agarwal, C S Burrus. Number theoretic transforms to implement fast digital convolution[C]. Proceedings of the IEEE, 1975, 63(4): 550-560.

[44] R C Agarwal, C S Burrus. Fast convolution using Fermat number transforms with applications to digital filtering[J]. IEEE Transactions on Acoustics Speech and Signal Processing, 1974, 22(2): 87-97.

[45] R C Agarwal, C S Burrus. Fast one-dimensional digital convolution by multi-dimensional techniques[J]. IEEE Transactions on Acoustics Speech and Signal Processing, 2003, 22(1): 1-10.

[46] R C Agarwal, J W Cooley. New algorithms for digital convolution[J]. IEEE Transactions on Acoustics Speech and Signal Processing, 1977, 25(5): 392-410.

[47] H Lu, S C Lee. A new approach to solve the sequence-length constraint problem in circular convolution using number theoretic transform[J]. IEEE Transactions on Signal Processing, 1991, 39(6): 1314-1321.

[48] H J Nussbaumer, P Quandalle. Computation of convolutions and discrete Fourier transforms by polynomial transforms[J]. International Business Machines Corporation. Journal of Research and Development, 1978, 22(2): 134-144.

[49] H Nussbaumer. Fast polynomial transform algorithms for digital convolution[J]. IEEE Transactions on Acoustics Speech and Signal Processing, 1980, 28(2): 205-215.

[50] M Teixeira, D Rodriguez. A class of fast cyclic convolution algorithms based on block pseudocirculants[J]. IEEE Signal Processing Letters, 1995, 2(5): 92-94.

[51] M Teixeira, Y I Rodriguez, A Gonzalez. A novel development for parallel cyclic convolution: the super block pseudocirculant matrix[C]. Proceedings of the IEEE Sarnoff Symposium, 2007, 252-257.

[52] M Teixeira, Y I Rodriguez. Parallel cyclic convolution based on recursive formulations of block pseudocirculant matrices[J]. IEEE Transactions on Signal Processing, 2008, 56(7): 2755-2770.

[53] P K Meher. Parallel and pipelined architectures for cyclic convolution by block circulant formulation using low-complexity short-length algorithms[J]. IEEE Transactions on Circuits and Systems for Video Technology, 2008, 18(10): 1422-1431.

[54] T S Chang, J I Guo, C W Jen. Hardware-efficient DFT designs with cyclic convolution and subexpression sharing[J]. IEEE Transactions on Circuits and Systems-Ⅱ: Analog and Digital Signal Processing, 2000, 47(9): 886-892.

[55] J I Guo. An efficient design for one dimensional discrete cosine transform using parallel adders[C]. Proceedings of the IEEE International Symposium on Circuits and Systems, 2000: 725-728.

[56] J I Guo. An efficient design for one-dimensional discrete Hartley transform using parallel additions[J]. IEEE Transactions on Signal Processing, 2000, 48(10): 2806-2813.

[57] T S Chang, C W Jen. Hardware efficient transform designs with cyclic formulation and subexpression sharing[C]. Proceedings of the IEEE International Symposium on Circuits and Systems, 1998: 398-401.

[58] J I Guo. A low cost 2-D inverse discrete cosine transform design for image compression[C]. Proceedings of the IEEE International Symposium on Circuits and Systems, 2001: 658-661.

[59] J I Guo, R C Ju, J W Chen. An efficient 2-D DCT/IDCT core design using cyclic convolution and adder-based realization[J]. IEEE Transactions on Circuits and Systems for Video Technology, 2004, 14(4): 416-428.

[60] J I Guo, C M Liu, C W Jen. The efficient memory-based VLSI array designs for DFT and DCT[J]. IEEE Transactions on Circuits and Systems-Ⅱ: Analog & Digital Signal Processing, 1992, 39(10): 723-733.

[61] D F Chiper, M N S Swamy, M O Ahmad. An efficient systolic array algorithm for the VLSI implementation of a prime-length DHT[C]. Proceedings of the IEEE International Symposium on Signals, Circuits and Systems, 2005: 167-169.

[62] D F Chiper, M N S Swamy, M O Ahmad, et al. Systolic algorithms and a memory-based design approach for a unified architecture for the computation of DCT/DST/IDCT/IDST[J]. IEEE Transactions on Circuits and Systems-Ⅰ: Regular Papers, 2005, 52(6): 1125-1137.

[63] D F Chiper. A new memory-based systolic algorithm for DST with low hardware complexity[C]. Proceedings of the IEEE International Symposium on

Circuits and Systems，2007：185-188.

［64］P K Meher. Systolic designs for DCT using a low-complexity concurrent conv-olutional formulation［J］. IEEE Transactions on Circuits and Systems for Vid-eo Technology，2006，16(9)：1041-1050.

［65］H C Chen，J I Guo，H C Chen，et al. Distributed arithmetic realisation of cy-clic convolution and its DFT application［C］. IEE Proceedings-Circuits Devices and Systems，2005，152(6)：615-629.

［66］S A White. Applications of distributed arithmetic to digital signal processing：a tutorial review［J］. IEEE ASSP Magazine，1989，6(3)：4-19.

［67］P K Meher，J C Patra，M N S Swamy. High-throughput memory-based archi-tecture for DHT using a new convolutional formulation［J］. IEEE Transac-tions on Circuits and Systems-Ⅱ：Express Briefs，2007，54(7)：606-610.

［68］Samir Palnitkar. Verilog HDL 数字设计与综合［M］.2 版. 夏宇闻,胡燕祥,刁岚松,等,译. 北京：电子工业出版社,2009.

［69］Kishore Mishra. Verilog 高级数字系统设计技术与实例分析［M］. 乔庐峰,尹廷辉,于倩,等,译. 北京：电子工业出版社,2018.

［70］胡广书. 数字信号处理导论［M］. 北京：清华大学出版社,2005.

［71］刘江利. 基于卡尔曼滤波器的浊度传感器信号处理研究［D］. 广州:广东工业大学,2011.

［72］李莉. 数字信号处理原理和算法实现［M］.2 版. 北京：清华大学出版社,2016.

［73］Cooley J B，Tukey J W. An algorithm for machine computation of complex fourier series［J］. Math Comput，1965，19(90)：297-301.

［74］D Kolba，T Parks. A prime factor FFT algorithm using high-speed convolu-tion［J］. IEEE Transactions on Acoustics Speech and Signal Processing，2003，25(4)：281-294.

［75］H C Chen，J I Guo，C W Jen. A new group distributed arithmetic design for the one dimensional discrete Fourier transform［C］. Arizona，USA：Proceed-ings of the IEEE International Symposium on Circuits and Systems，2002：421-424.

［76］J I Guo，C C Lin. A new hardware efficient design for the one dimensional discrete Fourier transform［C］. Arizona，USA：Proceedings of the IEEE In-ternational Symposium on Circuits and Systems，2002：549-552.

［77］D W Tufts，G Sdasiv. The arithmetic Fourier transform［J］. IEEE Assp Mag-azine，1988，5(1)：13-17.

[78] 张宪超, 武继刚, 蒋增荣, 等. 离散傅里叶变换的算术傅里叶变换算法[J]. 电子学报, 2000, 28(5): 105-107.

[79] R C Agarwal, C S Burrus. Fast one-dimensional digital convolution by multi-dimensional techniques[J]. IEEE Transactions on Acoustics Speech and Signal Processing, 2003, 22(1): 1-10.

[80] 李新兵, 初建朋, 赖宗声, 等. 一种用 FNT 变换完成大点数循环卷积 IP 核的 VLSI 实现[J]. 微电子学与计算机, 2004, 21(11): 158-160.

[81] J Zhang, S Li. High speed parallel architecture for cyclic convolution based on FNT [J]. Proceedings of IEEE Computer Society Annual on VLSI, 2009: 199-204.

[82] J I Guo, C M Liu, C W Jen. A new array architecture for prime-length discrete cosine transform[J]. IEEE Transactions on Signal Processing, 1993, 41 (1): 436-442.

[83] D F Chiper. A new systolic array algorithm for memory-based VLSI array implementation of DCT[C]. Alexandria, Egypt, in: Proceedings of the Second IEEE Symposium on Computers and Communications, 1997: 297-301.

[84] R X Yin, W C Siu. A new fast algorithm for computing prime-length DCT through cyclic convolutions[J]. Signal Processing, 2001, 81(5): 895-906.

[85] C Cheng, K K Parhi. Hardware efficient fast DCT based on novel cyclic convolution structures[J]. IEEE Transactions on Signal Processing, 2006, 54 (11): 4419-4434.

[86] D F Chiper, M N S Swamy, M O Ahmad, et al. A systolic array architecture for the discrete sine transform[J]. IEEE Transactions on Signal Processing, 2002, 50(9): 2347-2354.

[87] P K Meher, M N S Swamy. New systolic algorithm and array architecture for prime-length discrete sine transform[J]. IEEE Transactions on Circuits and Systems-II: Express Briefs, 2007, 54(3): 262-266.

[88] Z Wang, B R Hunt. The discrete W transform[J]. Appl. Math. Comput., 1985, 16(1): 19-48.

[89] J Xi, J F Chicharo. Computing running discrete Hartley transform and running discrete W transforms based on the adaptive LMS algorithm[J]. IEEE Trans. Circuits Syst. II, 1997, 44(3): 257-260.

[90] G Bi. On computation of the discrete W transform[J]. IEEE Trans. Signal Process., 1990, 47(5): 1450-1453.

[91] Z Wang. A prime factor fast W transform algorithm[J]. IEEE Trans. Signal

Process. , 1992, 40(9): 2361-2368.

[92] H Z Shu, J S Wu, L Senhadji, et al. Radix-2 algorithm for the fast computation of type-Ⅲ 3-D discrete W transform[J]. Signal Processing, 2008, 88: 210-215.

[93] Jianguo Liu, Xia Hua. A Novel Approach to compute Discrete W Transform [J]. Circuits, Systems & Signal Processing, 2014, 33(9):2867-2880.

[94] R N Bracewell. Discrete Hartley transform[J]. J Opt. Soc. Am. , 1983, 73 (12): 1832-1835 (1983).

[95] G Bo, Y Chen, Y Zeng. Fast algorithms for generalized discrete Hartley of composite sequence lengths[J]. IEEE. Trans. Circuits Syst. Ⅱ, 2000, 47 (9): 893-901.

[96] J I Guo, C M Liu, C W Jen. A novel VLSI array design for the discrete Hartley transform using cyclic convolution[C]. IEEE International Conference on Acoustics, Speech, and Signal Processing, 1994: 501-504.

[97] GRAPS A. An introduction to wavelets [J]. IEEE Computation Science & Engineering, 1995, 2(2): 50-61.

[98] J G Liu, Y Z Liu, G Y Wang. Fast discrete W transforms via computation of moments [J]. IEEE Transactions on Signal Processing, 2005, 53 (2): 654-659.

[99] Z Wang. Fast algorithms for the discrete W transform and for the discrete Fourier transform [J]. IEEE Trans. Acoust. , Speech, Signal Process. , 1984, 32(4): 803-816.

[100] N C Hu, H I Chang, O K Ersoy. Generalized discrete Hartley transforms [J]. IEEE Trans. Signal Process, 1992, 40(12): 2931-2940.

[101] D F Chiper. Radix-2 fast algorithm for computing discrete Hartley transform of Type-Ⅲ[J]. IEEE Trans. Circuits Syst Ⅱ, 2012, 59(5): 297-301.

[102] Duhamel P. Algorithms meeting the lower bounds on the multiplicative complexity of length-2 DFT's and their connection with practical algorithms[J]. IEEE Trans Acoust, Speech Signal Process, 1990, 38(9): 1504-1511.

[103] Duhamel P. Paper on the fast fourier transform[M]. IEEE Press, New York, 1995.

[104] Yeh W, Jen C High-speed, low-power split-radix FFT[J]. IEEE Trans. Signal process, 2003, 51(3): 4640-4651.

[105] Kar D C, Rao V V B. A new systolic realization for the discrete fourier transform[J]. IEEE Trans. Signal Process, 1993, 41(5): 2008-2010.

[106] Beraldin J A, Aboulnasr T, Streenaart W. Efficient 1-D systolic array realization for the discrete fourier transform[J]. IEEE Trans Circuits Syst, 1989, 36(1): 95-100.

[107] Chue, George A. Inside the FFT Black Box[M] Boca Raton, FL: CRC Press, 2000.

[108] Meher P K. Highly concurrent reduced- complexity 2-D systolic array for discrete fourier transform[J]. IEEE signal processing letters, 2006, 13(8): 481-484.

[109] Yang Z X, Hu Y P, Pan C Y, et al. Design of a 3780-point IFFT processor for TDS-OFDM[J]. IEEE Trans. Broadcast. , 2002, 48(1): 57-61.

[110] Jones K J. High-throughput, reduced hardware systolic solution to prime factor discrete fourier transform algorithm[J]. IEE Proceedings E (Computers and Digital Techniques), 1990, 137(3): 191-196.

[111] He S, Torkelson M. A systolic array implementation of common factor algorithm to compute DFT[C]. Kanazawa, Proc Int Symp Parallel Architectures, Algorithms and Networks, 1994: 374-381.

[112] Meher P K. Efficient systolic implementation of DFT using a low-complexity convolution-like formulation[J]. IEEE trans Circuits Syst Ⅱ, Exp Brifs, 2006, 53(8): 702-706.

[113] J G Liu, F H Y Chan, F K Lam, et al. Moment-based fast discrete sine transforms[J]. IEEE Signal Processing Letters, 2000, 7(8): 227-229.

[114] J G Liu, F H Y Chan, F K Lam, et al. A novel approach to fast discrete Hartley transform[C]. WA, Australia, in: Proceedings of the International Symposium on Parallel Architectures, Algorithms and Networks, 1999: 178-183.

[115] J G Liu, F H Y Chan, F K Lam, et al. Moment-based fast discrete Hartley transform[J]. Signal Processing, 2003, 83(8): 1749-1757.

[116] Z Liu, J Liu, G Wang. An arbitrary-length and multiplierless DCT algorithm and systolic implementation[J]. Journal of Computers, 2010, 5(5): 725-732.

[117] J Liu, Z Liu, C Pan. Efficient systolic implementation of DFT using only the first-order moments[C]. Dalian, China, in: Proceedings of International Conference on Intelligent Control and Information Processing, 2010: 58-63.

[118] J Liu, C Pan, Z Liu. Novel convolutions using first-order moments[J]. IEEE Transactions on Computers, 2012, 61(7): 1050-1056.

[119] Li Cao，J G Liu，Jun Xiong，et al. Novel Structures for Cyclic Convolution Using Improved First-order Moment Algorithm[J]. IEEE Transactions on Circuits and Systems，2014，61(8)：2370-2379.

[120] Xia Hua，Hanyu Hong，J Liu，et al. A novel unified method for the fast computation of discrete image moments on grayscale images[J]. Journal of Real-Time Image Processing，2020，17(5)：1239-1253.